W0063631

Inhaltsverzeichnis

Stephanie Lang von Langen und
Shirley Michaela Seul

Entspannt mit Hund

Mit den fünf Grundbedürfnissen des Hundes
zur Dog-Life-Balance

Mehr über unsere Autoren und Bücher:
www.piper.de

MIX
Papier aus verantwor-
tungsvollen Quellen
FSC
www.fsc.org   FSC® C083411

Originalausgabe
ISBN 978-3-492-30949-3
1. Auflage Februar 2017
2. Auflage Dezember 2017
© Piper Verlag GmbH, München 2017
Umschlaggestaltung: semper smile München
Umschlagabbildung vorne: Jana Jouzek
Umschlagabbildung hinten: Tomas Rodriguez
Satz: Kösel Media GmbH, Krugzell
Gesetzt aus der Scala Regular
Druck und Bindung: CPI books GmbH, Leck
Printed in the EU

Geleitwort von Dr. Udo Gansloßer

Auch wenn sich das Bild des Hundes in den vergangenen Jahren stark gewandelt hat: Immer noch sind einige überholte Betrachtungsweisen sehr verbreitet, manchmal in Mischform.

1. Der Hund als Nachfahr des Wolfes: Offensichtlich biologisch motiviert ist das Bild des Hundes als zivilisierter Nachfahr des Wolfs – wenngleich manchmal auch als zivilisiert degenerierter Nachfahr. In diesem sogenannten *lupomorphen Modell* werden alle Eigenschaften des Hundes auf die ihrer wölfischen Vorfahren zurückgeführt. Und das bietet Raum für zahlreiche Irrtümer: Erstens herrschen häufig falsche Vorstellungen vom Leben der frei lebenden Wölfe. Zweitens wird der Einfluss von fünfundzwanzig- bis fünfunddreißigtausend Jahren gemeinsamer Geschichte zwischen Mensch und Hund vergessen: Hunde haben nämlich in vielerlei Hinsicht nur noch oberflächliche Ähnlichkeit mit Wölfen. Gerade in ihrem Kommunikationsverhalten sind sie an das Leben bei und mit den Menschen angepasst. Auch wenn viele Eigenschaften, beispielsweise in der Hund-Hund-Beziehung noch Ähnlichkeiten mit anderen Caniden-Arten haben – für den in Mitteleuropa aufgewachsenen Haushund ist der Mensch ein Sozialpartner von ganz anderer Qualität. Und sein Verhalten ist für den Hund gut einschätzbar.

2. Der vermenschlichte Hund: Ein anderer weitverbreiteter Irrtum liegt darin, dem Hund in vielerlei Hinsicht unreflektiert menschliche Eigenschaften zu unterstellen, zum Beispiel moralische Sekundär-Emotionen wie Dankbarkeit, schlechtes Gewissen oder Schuldbewusstsein. Problematisch kann das werden, wenn der Mensch daraus einschlägige Erziehungs- und Umgangsformen ableitet. Hier verursacht das sogenannte *antropomorphe Modell* Verständigungsschwierigkeiten, Missverständnisse, Frust. Auf der anderen Seite kann Antropomorphismus durchaus hilfreich sein. Schließlich trägt er dazu bei, dass Hund und Katze den Menschen gesund erhaltende Funktionen zur Stressdämpfung sowie andere Wohlfühl-Effekte ausüben können.

3. Der Hund als Kind-Ersatz: Das *babymorphe Modell* betrachtet den Hund weitgehend als Kleinkind-Ersatz. Das kann Probleme geben, wo es zu starker und unnötiger Abhängigkeit des Hundes von seinem Halter führt. Wer den Hund ständig infantilisiert, ihm keine Entscheidungsfreiheiten und keine eigene Lebensführung zugesteht, der darf sich nicht wundern, wenn der Hund dann beim Alleinlassen oder in anderen Krisensituationen wie ein abhängiges Kleinkind reagiert: Schon eine kurzfristige Abwesenheit seines Menschen beantwortet der Hund sofort mit erheblichen Verhaltensauffälligkeiten. Wenn aus dem Kontrollwahn des Menschen und des beratenden Trainers heraus die falschen – nämlich distanzierende, verunsichernde – Maßnahmen ergriffen werden, wird das Problem sich rasch verselbstständigen.

Eine Folge der aufgezählten Fehlinterpretationen ist auch ein übermäßiger Beschäftigungswahn. Zum Beispiel führt die völlig falsche Vorstellung vom Jagdverhalten der Wölfe – die angeblich tagelang und über viele Kilometer in schnellen Gangarten durchgeführte Hetzjagd – dazu, dass auch Hunde nach diesem Modell permanent mit Futterbeutel und anderen Gegenständen beschäftigt werden. Dabei wird nicht berücksichtigt, dass die tatsächlichen Jagdsequenzen von Wölfen oft unter zweieinhalb Kilometer umfassen und weniger als zwanzig Minuten dauern. Der Rest ist Belagerung und Mürbemachen des eingekreisten Beutetiers. Anschließend liegt das Rudel durchschnittlich vier bis fünf Tage in Deckung nahe dem Kadaver und bedient sich immer dann, wenn einem der Betreffenden gerade der Magen knurrt.

Solche und ähnliche falschen Vorstellungen haben zur Folge, dass viele Haushunde heute einen Terminplan haben, der ohne Sekretärin kaum mehr zu bewältigen ist. Die Folgen sind dann offenkundig: übermotivierte, bisweilen suchtkranke Hunde, Hyperaktivität, Aufmerksamkeitsdefizit – die ganze Palette der Auffälligkeiten, die auch Kinder in vergleichbaren Stresssituationen zeigen.

Das Buch von Stephanie Lang von Langen bringt mit einer gesunden Mischung aus Intuition, Erfahrung und sehr viel Wissen etwas Licht in dieses Dunkel. Wer es gelesen hat, ist hoffentlich vor den schlimmsten Auswüchsen eines falschen Umgangs mit dem Hund gefeit.

Ich wünsche dem Buch daher eine weite Verbreitung und hoffe, dass im Sinne unserer Hunde ein Umdenken in breiteren Schichten der hundehaltenden und mit Hunden lebenden Menschen erfolgt.

Fürth, Juli 2016
Dr. Udo Gansloßer, Privatdozent am Zoologischen Institut und Museum der Universität Greifswald und Lehrbeauftragter am Phylogenetischen Museum und Institut für Spezielle Zoologie der Universität Jena

Brauchen Hunde ein Abitur?

… oder reicht der Quali?

Viele Hunde in Deutschland leben als Familienmitglieder in ihrem Zweibeiner-Rudel. Sie genießen Privilegien wie Sofa und Fahrradanhänger, bekommen hochwertige Nahrung und schicke Colliers. Dafür müssen sie aber auch etwas leisten. Sie sollen der beste Freund des Menschen sein, brav und treu, aufs Wort folgen und rund um die Uhr gute Laune verbreiten sowie Herrchen oder Frauchen motivieren, sich zu bewegen. Das alles klappt mal besser, mal schlechter. Wo es nicht so gut klappt, werden oft Hundetrainer gebucht.

»Bitte, können Sie meinen Hund reparieren?«, sagte neulich eine Kundin zu mir. Allerdings beginnt die Reparatur des Hundes meist bei seinem Halter. Wobei ich das anders nennen würde. Denn wir sind ja keine Dinge, die funktionieren müssen… oder? Verleitet uns die Leistungsgesellschaft dazu, auch unsere vierbeinigen Freunde so zu behandeln, als wären sie Dinge, und ihnen dadurch die Erfüllung ihrer Grundbedürfnisse vorzuenthalten? In meiner Praxis erlebe ich täglich, dass die Probleme, die Hundehalter mit ihren Vierbeinern haben, auf nicht erfüllte Grundbedürfnisse zurückzuführen sind.

Mit Sorge beobachte ich in den letzten Jahren einen Trend hin zum Leistungshund. Immer mehr Hundehalter verlangen zu viel von ihren Hunden. Teilweise wird völlig aus dem Blick verloren, dass ein Hund kein Sportgerät, kein Entertainer, kein Rundum-Clown, kein Kinderspielzeug ist. Es wird vergessen, was ein schönes Hundeleben ausmacht. Braucht ein Hund wirklich stundenlanges Gassigehen, tägliches Spezialtraining, Events und vieles mehr, was zahlreiche Halter in bester Absicht absolvieren? Sie meinen es gut, sie möchten ihren Hund optimal fördern, indem sie ihn fordern. Auf keinen Fall soll er sich langweilen. Aber womöglich ist das, was wir Menschen für Langeweile halten, beim Hund gar keine. Vielleicht meditiert er ja, wenn er irgendwo sitzt oder liegt und einfach nur schaut. Jedenfalls wollen solche Hundehalter die allerbesten Hundefreunde sein und stressen sich häufig selbst, weil das natürlich ziemlich viel Zeit kostet, die ja meistens knapp ist. Sie übertragen ihr persönliches Leistungsprinzip auf den Hund, der nun nicht mehr einfach Freude macht, weil er da ist. Er muss sich Aufmerksamkeit und Zuneigung verdienen, indem er etwas besonders gut kann oder schnell kapiert oder der Beste in einem Workshop ist. Und wenn nicht, dann sollte er wenigstens der Frechste sein. Klappt das nicht, ist der Halter zuweilen enttäuscht. Und das verunsichert den Hund, der sehr feine Antennen für die Emotionen seiner Menschen hat.

Eine Zeit lang kann es ein Hund kompensieren, wenn eines oder mehrere seiner Grundbedürfnisse nicht erfüllt werden. Doch eines Tages eben nicht mehr. Der überforderte Hund wird wie der unterforderte verhaltensauffällig. Er bellt, zieht an der Leine, kann nicht mehr alleine bleiben, leidet an Durchfall, knurrt Fremde an, ist total überdreht. Gerade Hunde, denen eine unbeschwerte Welpenzeit verwehrt wurde, weil ihre Halter in die wichtige Sozialisierungsphase so viel Lernstoff wie möglich hineinpackten, kommen überhaupt nie richtig runter. Mich erinnert das alles an Kinder, die heutzutage manchmal schon im Mutterbauch mit Mozart frühstgefördert und, kaum auf der Welt, zu unzähligen Babyaktivitäten chauffiert werden. Selbst Mandarin, eine chinesische Hochsprache, wird mittlerweile für Kinder ab drei Jahren angeboten. Engagierte Eltern wollen alles richtig machen und schalten gelegentlich ihre Intuition aus, um auf keinen Fall etwas zu verpassen oder etwas falsch zu machen. Leider handeln immer mehr Hundehalter wie solche Eltern.

Aber wie geht es unseren Hunden damit? »Meine Hündin ist voll bei der Sache«, höre ich oft. »Mein Hund ist total verrückt nach dem Training.«

Genau das ist das Problem. Erstens sind Hunde in der Regel sehr daran interessiert, es ihren Herrchen und Frauchen recht zu machen. Sie wollen in einer harmonischen Umgebung leben, weil ihnen das Sicherheit schenkt. Zweitens bringt das, was ihnen langfristig schadet, oft auch Spaß. Da ähneln sich Vier- und Zweibeiner, und das liegt an der kurzfristigen Ausschüttung des Glückshormons Dopamin. Welche Aktivitäten und wie viel davon es braucht, um Glücksgefühle auszulösen, ist von Mensch zu Mensch verschieden. Gemeinsam ist ihnen jedoch, dass ein Übermaß fatale Folgen haben kann. Wir machen auch viel Unvernünftiges, um an eine Prise Dopamin zu kommen, das uns mit einem leuchtenden Lebensgefühl belohnt. Doch früher oder später wird eine Grenze überschritten, und dann steuert man auf einen Burnout zu. Den es im Übrigen auch bei Hunden gibt.

Das heißt nicht, dass ich gegen die Ausbildung von Hunden und ihr Training wäre, damit würde ich ja meinen Beruf ad absurdum führen. Ich arbeite als Hundepsychologin, leite unterschiedliche Trainingsgruppen, unter anderem Hundebeschäftigung im Alltag und Personensuche, und biete Weiterbildungen für Hundetrainer an. Außerdem bin ich Ausbilderin für Hundetrainer und Ausbilderin für Therapiehunde und habe dazu ein Zentrum gegründet: das *Wunjo-Projekt*.

Ein Training soll den Möglichkeiten des jeweiligen Hundes und seines Menschen angepasst sein. Dabei kann man Hunden durchaus etwas abverlangen, das macht sie stolz und selbstbewusst und stärkt auch die Bindung: Mein Mensch und ich haben etwas miteinander geschafft!

Ich erinnere mich an viele Einsätze mit meinem Hund Wunjo für die Rettungshundestaffel, bei denen wir beide bis an unsere Grenzen gingen – und manches Mal einen Schritt darüber hinaus. Trotz der Brisanz einer solchen Situation achte ich darauf, wie es meinem Hund geht – und diese Sensibilität empfehle ich jedem Hundehalter. Frauchen und Herrchen sollten immer wieder kritisch prüfen, ob sie bei ihren Aktivitäten in gutem Kontakt mit ihrem tierischen Partner sind oder nur noch Leistung erwarten. Und sie sollten den Hund sehr genau beobachten, um eine Überforderung frühzeitig zu bemerken und Verhaltensauffälligkeiten zu vermeiden, die oft nur mit hohem Engagement abzutrainieren sind. Mangelt es einem Hund über lange Zeit an der Befriedigung seiner Grundbedürfnisse, kann sich seine Persönlichkeit verändern. Und dann höre ich »Früher war er ganz anders...«

Immerhin gibt es in diesen Fällen ein Früher. Überforderte Welpen kennen diesen Zustand gar nicht. Sie werden manchmal vom ersten Tag bei ihren Haltern in ein Formel-1-Leben geworfen, und später wundern sich die Menschen, warum sie so viele Probleme mit den Hunden haben, denen sie so viel beigebracht haben und die so viel leisteten. Ja, gerade deshalb kommt es zu den Problemen!

Mit diesem Buch möchte ich daran erinnern, was Hunde sind. Sie sind wunderbare Wesen, deren Nähe unser Leben bereichert und von denen wir einiges lernen können: Das schöne, gute, einfache Leben in der Natur. Im Jetzt sein. Direkt und aufrichtig sein … bedingungslose Liebe. Ich möchte aber auch den Blick dafür schärfen, dass die meisten Probleme entstehen, wenn wir die Grundbedürfnisse eines Hundes missachten. Und die Grundbedürfnisse werde ich in diesem Buch ausführlich beschreiben:

- Ruhe/Schlaf
- Bewegung
- Beschäftigung
- Spiel
- Bindung/Beziehung

Ich wünsche mir, dass meine Anregungen auf fruchtbaren Boden fallen. Schließlich wollen wir doch alle dasselbe: ein schönes Leben mit unserem vierbeinigen Gefährten, dem es hundherum gut gehen soll. Und dazu brauchen Hunde kein Abi.

Der Quali reicht allemal!

Und das gilt im Übrigen auch für uns Menschen, wenn wir zu einem guten Team mit unseren Hunden zusammenwachsen wollen. Denn meistens lieben wir sie doch. Und wir wünschen uns nur das Allerbeste für sie. Aber dummerweise wissen wir manchmal nicht, wie wir das unseren vierbeinigen Freunden vermitteln sollen. Es kommt zu Kommunikationsproblemen. Wo ist nun aber der Hund begraben? Bei den Grundbedürfnissen. Und das zeigen Hunde deutlich:

*Bellen, beißen, bieseln – Hunde markieren nicht
um den heißen Brei herum*

Lucy knabberte gern. Allerdings beschränkte sich die belgische Schäferhündin nicht auf die üblichen Accessoires wie Schuhe, sie hatte ihr Repertoire auf Menschenbeine erweitert und schon mehrere Menschen gebissen. »Nicht schlimm«, sagte Frau Huber, ihre Halterin, »nur so ein bisschen gezwickt.«

Das sah das Ordnungsamt anders, zumal einer der Attackierten sich in der Notaufnahme eines Krankenhauses behandeln lassen musste. Nach einer Wesensüberprüfung bekam Lucy Maulkorb und Leinenpflicht verordnet. Frau Huber fand das ungerecht, weil Lucy doch der liebste Hund auf der Welt war. Und wie vorsichtig sie mit Kindern spielte, das müsse man gesehen haben! »Wissen Sie«, erklärte Frau Huber mir, »das liegt an dem ausgeprägten Schutztrieb von der Lucy. Ihre Vorfahren, die waren nämlich alle bei der Polizei.«

Den Titel »Liebster Hund der Welt« führte auch Larry, ein Australian Shepherd, allerdings nur, solange kein anderer Rüde am Horizont auftauchte. Dann wurde er zum Berserker, stellte sich auf die Hinterbeine und knurrte und bellte und geiferte, dass sein Besitzer Mühe hatte, den Hund zu halten. »Das ist, weil der Larry ein Alphatier ist«, schrie er mir durch das ohrenbetäubende Gebell zu.

Im letzten Winter hatte auch Finn so stark an der Leine gezogen, dass seine Besitzerin Frau Schwab sich bei einem Sturz auf einer Eisplatte die Schulter gebrochen hatte. Der nächste Winter stand vor der Tür. Finn zog noch immer an der Leine, als würde zehn Zentimeter vor seiner Nase ein Steak baumeln. »Er ist halt neugierig«, entschuldigte Frau Schwab ihren Gefährten.

Betty, eine achtjährige Feld-Wald-Wiesen-Mischung, war eifersüchtig, wie mir ihr Frauchen mitteilte. »Die ist das nicht gewohnt, dass wir jetzt zu dritt sind. Die hat mich doch immer für sich alleine gehabt. Aber jetzt habe ich wieder einen Partner, und da muss sie mich teilen, und das will sie nicht, deshalb pinkelt sie in die Wohnung. Das macht die nur aus Treue.«

Bei Ben war es angeblich typisches Hüteverhalten, das den Border Collie dazu animierte, beim leisesten Geräusch loszukläffen, sich in Rage zu bellen. »Das liegt der Rasse doch im Blut, oder?«

Bei Chino lag typisches Revierverhalten im Blut, das es seinen Besitzern, einem Ehepaar Mitte vierzig, unmöglich machte, Besuch in ihrer Wohnung zu empfangen.

Freddy, der größte Schmusehund der Welt, klebte wie Uhu an seinem Besitzer, solange der sich in der Wohnung aufhielt. Kaum wurde er draußen von der Leine gelassen, gab er Pfotengeld, und manchmal wartete sein Besitzer sehr lange, einmal über zwei Stunden, bis Freddy zurückkehrte. »Wissen Sie«, erfuhr ich, »mein Freddy, der braucht seine Freiheit.«

Die nutzte auch Ronja. Aber sie kam schnell zurück und schleckte sich das Maul. Ronja liebte Hunde- und Katzenscheiße. Herrn Berger würgte es dann, er hatte sich schon mehrfach übergeben müssen. Obwohl Ronjas Bluttest negativ ausfiel, glaubte Herr Berger fest an einen auf dem Blutbild unsichtbaren Mineralienmangel, der die Hündin zu ihren unappetitlichen Fressattacken animierte: »Das ist organisch. Sie kann nichts dafür.«

Emma konnte nicht allein sein. Kaum verließ Frau Schlegel die Wohnung – ja manchmal genügte es schon, wenn sie nur vom einen ins andere Zimmer ging –, da lief die Jaulmaschine an. »Ich hab die Emma ja vom Tierschutz. Die hat Verlustängste, die glaubt, wenn ich geh, komm ich nicht wieder.«

»Und seit wann glaubt sie das?«

»Ich hab sie jetzt seit sechs Jahren, und das war von Anfang an so. Das sitzt tief. Da kann man wahrscheinlich nichts machen. Das ist ein Trauma, oder?«

Willi wollte keine Leckerlis mehr annehmen. »Er spuckt sie mir einfach vor die Füße«, erzählte Frau Bergmann bekümmert. »Egal, welche Sorte. Aber ich brauch doch Leckerlis zum Trainieren. Sonst folgt er nicht. Könnte es vielleicht sein, dass das von meiner Laktoseintoleranz kommt, wo man doch immer sagt, dass Hunde so sensibel sind?«

Ich liebe meinen Beruf und die Kreativität meiner Kunden. Und ich muss gestehen, dass ihre Erklärungen, Verdachtsmomente und Begründungen oft viel interessanter klingen als meine banale Feststellung, dass es an einem Grundbedürfnis mangelt. Aber natürlich wünsche ich mir, dass Hundebesitzer die Signale ihrer Gefährten schneller und vor allem richtig deuten. Denn ein Mangel bei einem Grundbedürfnis lässt sich relativ einfach beseitigen – wie im Falle von Max, der seine kleinen scharfen Terrierzähne in Herrchens Antiquitäten schlug.

Max und das Tischbein

Herr Gerold war verzweifelt. Sein Terriermix Max, ein knappes Jahr alt, hatte sich als Zerstörer entpuppt. Er biss nicht nur Hausschuhe und Teppiche an, wie es manche seiner Artgenossen tun, nein, Max widmete sich auch Elektrokabeln, Türrahmen und Möbeln, was für Herrn Gerold ein großes Problem darstellte, da er Antiquitäten sammelte. Kaum verließ Herr Gerold die Wohnung oder das Zimmer, knabberte Max. Als er sich in Bibermanier das Tischbein eines dreihundert Jahre alten Sekretärs vorgenommen hatte, war Herr Gerold kurz davor, den Hund ins Tierheim zurückzubringen, wo er ihn vor einem halben Jahr abgeholt hatte.

Der Anfang war so vielversprechend gewesen. Herr Gerold war sechzig Jahre alt und seit zwei Jahren Witwer. Das war nicht leicht für ihn, aber allmählich kam er ganz gut zurecht. Einen Hund hatte er als Junge gehabt, den Maxi, und daran wollte er anknüpfen. Er hatte sehr schöne Erinnerungen an die Spaziergänge mit Maxi. Max sah seinem Vorgänger sogar ähnlich. Herr Gerold konnte den Blick kaum von ihm abwenden. Er war völlig vernarrt in den Hund – so wie Max in die Antiquitäten.

Herr Gerold hatte schon alles versucht. Max angeleint, ihn mit Wasser bespritzt, ihn beschworen, beschimpft, angebrüllt. Schließlich hatte er seine kostbaren Möbel mit einer übelriechenden Paste beschmiert, die Max unverdrossen abschleckte, ehe er zubiss – während Herr Gerold von dem Gestank Reizhusten bekam. Mittlerweile hatte er die Antiquitäten in ein Zimmer seiner Wohnung geräumt, wo sie vor Max sicher waren. Leider auch vor Herrn Gerold.

»Das ist doch kein Zustand«, seufzte er. »Ich hocke in der Küche auf einem Plastikstuhl vor einem Resopaltisch, das ist eine Zumutung für mich. Es ist so hässlich bei mir, ich fühle mich überhaupt nicht mehr wohl. Aber im Wohnzimmer, wo die Antiquitäten stehen, ist kein Platz zum Essen, sie lagern ja zum Teil aufeinander.«

Es erstaunt mich immer wieder, was Menschen auf sich nehmen, um mit ihren Hunden zusammenzubleiben. Wobei die Uhr für Max nun schon recht laut tickte.

»Ich weiß nicht, ob ich das noch lange schaffe. Eine Bekannte von mir hat gesagt, dass unsere Probleme daher rühren, dass er aus dem Tierschutz ist. Weil man keine Ahnung hat, was er erlebt hat, und das bricht jetzt auf. Aber wissen Sie: Bei mir bricht allmählich auch was. Nämlich ich, und zwar zusammen.«

Traumatisierungen werden oft bemüht, wenn Hundehalter schon lang unter einem bestimmten Verhalten des Hundes leiden, weil ein Grundbedürfnis nicht erfüllt wird. »Traumatisierung« klingt jedenfalls deutlich spektakulärer als »Grundbedürfnis«. Doch man muss immer das Gesamtbild und das Beziehungskonstrukt betrachten.

Max kam nicht zur Ruhe, weil Herr Gerold ihn ständig im Auge behielt. Tatsächlich beobachtete der Antiquitätensammler den drolligen kleinen Kerl »für sein Leben gern«. Dass Herr Gerold den Blick nicht von ihm abwenden konnte, stresste Max. Stellen Sie sich vor, jemand würde Sie den ganzen Tag fixieren und womöglich alle Ihre Handlungen kommentieren. *Ach, wie süß. Nein, wie drollig. Ach, wie goldig schaut er jetzt wieder, der kleine Racker. Und wie er daliegt. So niedlich auf dem Kissen.*

Merken Sie, dass eine Nervenkrise naht? Da kann man durchaus mal in ein Tischbein beißen.

»Ich darf ihn also nicht mehr anschauen?«, rief Herr Gerold fassungslos.

»Doch«, sagte ich. »Aber nicht ständig. Er muss auch mal zur Ruhe kommen, denn das ist ein Grundbedürfnis des Hundes.«

Stress – auch Hunde sind burnoutgefährdet

Um einen Hund kennenzulernen, frage ich nach seinem Alltag, und in vielen Fällen höre ich dabei heraus, dass es dem Hund an einem seiner fünf Grundbedürfnisse mangelt: Ruhe und Schlaf, Bewegung, Beschäftigung, Spiel, Bindung/Beziehung.

Es gibt noch zwei Grundbedürfnisse mehr, doch Futter und Sicherheit setze ich als gegeben voraus. Gemeint ist damit, dass der Hund keinen Hunger leidet, gut ernährt ist und in Verhältnissen gehalten wird, die ihm ein Gefühl von Konstanz und Sicherheit vermitteln – wie es für einen Hund, der in einem Haushalt lebt, normal sein sollte.

Nun sagt der Hund aber nicht: »Du, Frauchen, by the way, ich vermisse die hundertprozentige Erfüllung eines meiner Grundbedürfnisse. Könntest du da bitte mal nachbessern?« Und das liegt nicht daran, dass der Hund der menschlichen Sprache nicht mächtig ist. Auch Menschen erkennen im Eifer des Gefechts namens Alltagsstress oft nicht, wenn ihnen etwas Grundlegendes fehlt, und lassen ihren Frust in anderen Situationen heraus, sodass ihr Verhalten Rätsel aufgibt. Bei Hunden ist es genauso. Sie bellen oder beißen, sind plötzlich sehr ängstlich oder folgen nicht mehr, jagen und jammern, und keiner weiß, warum. Auch der Hund nicht. Der reagiert lediglich auf den Stress, der sich in ihm aufgebaut hat, weil eines oder mehrere seiner fünf Grundbedürfnisse nicht erfüllt werden und die Dog-Life-Balance gestört ist.

Fünf ist eine überschaubare Zahl, und Sie werden am Ende

des Buches selbst einschätzen können, wie es um Ihren Hund bestellt ist. Egal, ob Mensch oder Hund: Mangelt es an einem Grundbedürfnis, entsteht Stress. Aber was ist das eigentlich genau? Alle reden davon; was steckt dahinter?

Vorneweg: Stress ist nicht unbedingt etwas Negatives. In Maßen genossen bringt er uns Menschen sogar Vorteile. Stress fördert unsere Leistungsbereitschaft: Hormone werden ausgeschüttet, das Herz schlägt schneller, wir sind aufmerksamer und können rascher Entscheidungen treffen, Gehirn und Lunge werden besser versorgt und unsere Sinne geschärft. All das sind optimale Voraussetzungen für Höchstleistungen. Das Problem ist das Runterkommen. Denn leider bleiben wir oft in der Stressreaktion hängen und entwickeln in der Folge Befindlichkeitsstörungen, Unruhe, Konzentrationsschwierigkeiten, Vergesslichkeit. Unser Urteilsvermögen wird eingeschränkt, das Immunsystem geschwächt, und das alles kann in Burnout oder gar Herzinfarkt münden.

Als Menschen beißen wir nicht, wenn wir uns dauergestresst fühlen. Wir haben Möglichkeiten, diesen Zustand zu beenden, wir können über unsere Empfindungen sprechen. Hunde können das nicht. Aber mit ihrer Körpersprache und ihrem Verhalten zeigen sie uns deutlich, wenn etwas nicht stimmt. Es ist unser Job, den gestressten Hund zu erkennen, die Ursachen zu ermitteln und abzustellen und ihm zu helfen, sich zu entspannen – die Voraussetzung für ein fröhliches Hundeleben.

Stress bei Hunden hat viele Gesichter, zum Beispiel übermäßiges Hecheln, Durchfall, Augenringe, anhaltendes Bellen, Rammeln. Solche Verhaltensweisen treten auf, wenn die Anpassungsfähigkeit des Hundes überschritten wurde. Der Hund ist gestresst – und daraus entstehen negative Konsequenzen für Gesundheit und Fortpflanzung.

Da jeder Hund eine eigene Persönlichkeit ist, reagiert auch

jeder Hund anders. Was den einen stresst, lässt den anderen kalt – und das sogar bei gleicher Herkunft und Aufzucht. Da sind zwei Hundegeschwister aus demselben Wurf beim selben Halter, die Hunde sind also unter denselben Bedingungen groß geworden. Doch an der Silvesterknallerei im Garten nimmt nur einer teil, der andere liegt schlotternd unter dem Bett. Wir wissen seit Langem, dass die Art und Weise, wie Hunde mit Stress umgehen, bereits im Mutterleib angelegt wird – wie verläuft die Trächtigkeit der Hündin, entspannt oder unruhig? Neuere Forschungen zeigen, dass sogar unbewältigbare Stresssituationen des Vaters, Tage oder sogar Wochen vor dem Deckakt, Auswirkungen auf die Stress- und Umweltanfälligkeit und emotionale Stabilität des Nachwuchses haben. Wir können also keine allgemeingültigen Prognosen für die Stressanfälligkeit von Hunden liefern, sondern müssen bei jedem einzelnen Hund herausfinden, wie stressresistent er ist.

Dabei sollten wir im Auge behalten, dass unser modernes Leben sich nicht mit dem verträgt, wie Hunde leben würden, wenn sie unter sich wären. Der Stresspegel, den wir Hunden zumuten – Großstadt, ständig wechselnde Orte, viele fremde Menschen und Hunde, Geräusche, Gerüche und so weiter –, ist schon für sich genommen so hoch, dass wir nicht mehr viel »draufsatteln« müssen, um den Hund zu überfordern, der sich seiner Natur nach lieber in einem vertrauten Revier mit vertrauten Artgenossen und Gegebenheiten aufhalten würde, weil genau das für ihn Sicherheit bedeutet. Wer seine Sicherheit aufgibt, ist gestresst – ob Hund oder Mensch. Und wer in diesem nervösen Zustand zusätzlich Hochleistungen vollbringen soll, muss irgendwann innerlich zusammenbrechen, was sich beim Hund in einem auffälligen Verhalten zeigt, ob nun aggressiv oder depressiv oder einfach irgendwie seltsam.

Der unglückliche Lucky

Der knapp zweijährige Hund schaute mich mit einem müden Blick an, der nicht zu seinem durchtrainierten Körper passte. Abwartend stand der Golden Retriever neben seiner Halterin, die ihn voller Begeisterung vorstellte. Sie berichtete, dass Lucky ein total toller Hund sei, dass er am Wochenende die Vereinsmeisterschaften gewonnen habe, mit der höchsten Punktzahl, die in der Vereinsgeschichte jemals erreicht worden sei. Aus vierzehn verschiedenen Stofftieren könne Lucky das jeweils genannte apportieren. Sie schwärmte auch davon, wie lange Lucky vor seinem Napf ausharre, ehe das Kommando »Essen fassen« erklinge. Und so weiter.

Ich nickte und beobachtete Lucky, der mir in die Augen schaute. Hunde haben mir schon immer am Herzen gelegen. Ich verbrachte meine Kindheit in Afrika, und dort gehörten Hunde zu meinen engsten Freunden. Ich lief einfach im Rudel mit, und sie passten auf mich auf. Heute passe ich auf sie auf, denn manchmal brauchen sie einen Dolmetscher – wenn ihre Frauchen und Herrchen ihre Signale missverstehen. So wie in diesem Fall. Luckys Halterin, Frau Schubert, sprach von einem Champion. Sie redete ohne Punkt und Komma. Dass Lucky so erfolgreich sei, liege an ihrem konsequenten Training. Ich sah einen erschöpften Hund vor mir, der hechelte, obwohl es nicht heiß war, und den Eindruck erweckte, soeben einen Halbmarathon gelaufen zu sein. Dabei war er nur aus dem Auto ausgestiegen. Ich verspürte einen Impuls, Lucky an einen kühlen, ruhigen Ort zu bringen, wo er sich erholen konnte. Dann würden auch seine Augenringe verschwinden, bei Hunden ein typisches Zeichen für Erschöpfung. Achten Sie mal drauf, wenn Sie sich unsicher sind, ob Sie Ihrem Hund zu viel zumuten: Die Augenringe erscheinen wulstartig auf der Höhe der Wangenknochen. Wenn sie nach einer anstrengenden Aktivität auftauchen, ist das normal. Zeigt der Hund sie ständig, leidet er unter Dauerstress.

Frau Schubert fuhr fort: »Überhaupt ist Konsequenz im Zusammenleben mit Hunden das A und O. Und deshalb habe ich nichts schleifen lassen, von Anfang an nicht. Ich bekam Lucky mit acht Wochen und habe sofort mit seiner Ausbildung begonnen. Natürlich artgerecht. Erst die Welpengruppe, begleitend die private Sozialisierung, täglich einige Aufgaben zur Alltagsbewältigung, im Anschluss der Junghundekurs Stufe eins bis drei, später Obedience, auch Rallye Obedience, Dummytraining. Der Schwerpunkt liegt aber auf Agility, wenngleich wir vor drei Wochen mit Mantrailing begonnen haben. Die Nasenarbeit soll ja nicht vernachlässigt werden, deshalb habe ich das noch draufgesattelt.«

»Draufgesattelt«, wiederholte ich und betrachtete die hängenden Ohren des Hundes. Golden Retriever haben Schlappohren, aber diese hier hingen besonders schwer. Nun, sie hatten ja auch viel zu ertragen an Befehlen, viel zu viel für einen zweijährigen Hund. Andere hätten die Ohren auf Durchzug gestellt, wären vielleicht harthörig geworden. Ein willfähriger Golden Retriever reißt sich das Herz aus dem Leib, damit er die Wünsche seiner Angehörigen erfüllt. Aber es klappte ja nicht. Es war nie genug. Und so war Lucky traurig geworden.

»Nächste Woche fahren wir in ein Hundehotel«, schloss Frau Schubert. »Das ist mir empfohlen worden, da werden jeden Tag viele verschiedene Kurse angeboten, wir werden eine schöne Zeit haben, gell, Lucky?«

Der Hund schaute kurz hoch, als er seinen Namen hörte, wartete ab, ob er was tun sollte, legte den Kopf dann wieder auf die Pfoten. Ich war froh, dass Lucky nicht ahnte, was da auf ihn zukam. Wieder einmal wunderte ich mich darüber, wie wenig Empathie manche Hundehalterin für ihren Hund aufbringt, den sie doch gleichzeitig liebt. Frau Schuberts Leben drehte sich um Lucky, doch sah sie den Hund überhaupt? Sie erkannte seine Grundbedürfnisse nicht und tat dabei doch alles für ihn. Verkehrte Welt. Es musste mir gelingen, ihr dies nahezubringen, ohne sie zu kränken. Denn natürlich hört es eine Hundebesitzerin nicht gern, dass sie etwas falsch gemacht haben könnte.

Mancher Hundebesitzer hält sich allein aus dem Grund für einen Hundekenner, weil er mit einem Hund lebt. Das wäre ungefähr so, als steckte in jedem Autobesitzer ein hervorragender Autofahrer. Leider sagt das Leben mit einem Hund nichts darüber aus, ob sein Halter sich mit Hunden auskennt. Und das geht oft zu Lasten der Hunde. Als Hundehalter möchte man lieber gelobt werden von der Trainerin, wie gut man alles macht. Oft muss ich regelrecht bohren, bis mir das Problem verraten wird, weshalb man mich aufsucht.

Auch bei Frau Schubert dauerte es lange, bis sie des Pudels Kern offenbarte: Lucky bellte. »Ganz untypisch für einen Golden Retriever«, wie sie selbst wusste. »Wie aus heiterem Himmel hat er damit begonnen, vor drei Wochen. Er bellt los und hört nicht mehr auf. Nichts kann ihn stoppen, zweimal war er nach so einem Anfall sogar heiser.«

»Da haben Sie ja schnell reagiert«, sagte ich anerkennend. Viele Hundehalter quälen sich jahrelang mit einem Problem, ehe sie Rat bei Fachleuten suchen.

»Natürlich. Das kann ja nicht so bleiben! Stellen Sie sich mal vor, er macht das während eines Wettbewerbs! Haben Sie eine Ahnung, was Lucky mit dieser Marotte zum Ausdruck bringen will? Da muss doch was dahinterstecken. Glauben Sie, er ist unterfordert? Trainiere ich vielleicht zu wenig? Aber ich weiß ehrlich gesagt nicht, wie ich noch mehr schaffen soll. Ich bin täglich fünf Stunden mit Lucky beschäftigt.«

»Fünf Stunden«, wiederholte ich erschüttert, obwohl ich so etwas erwartet hatte.

»Ja, wenn man alles zusammenrechnet. Manchmal auch mehr, je nachdem, wie lange das Training auf dem Platz oder ein Gassigehen dauert. Also, was meinen Sie, ist das zu wenig?«

»Nein, das ist viel zu viel«, sagte ich und streichelte Luckys seidenweiche, golden glänzende Flanke. Wenn der hübsche Rüde die Gelegenheit bekäme, sich zu erholen, wäre er ein Bild von einem Hund. In Gedanken sagte ich zu dem unglücklich Kerl, dass ich alles daransetzen würde, ihn zu einem richtigen Lucky zu machen, um den strahlenden Golden Retriever wieder zum Vorschein zu bringen, der einfach Hund sein durfte.

Normalerweise wähle ich meine Worte mit Bedacht. Schließlich hängt die Zukunft eines Hundes dran. Aber Frau Schubert wirkte, als würde sie so leicht nichts umhauen. Ich schaute ihr in die Augen und fragte: »Was hat der Lucky denn für einen Schnitt gemacht beim Abi?«

»Bitte?«, fragte sie verunsichert. Diese Lücke nutzte ich und erklärte ihr, wie Lucky sich vielleicht fühlte. Da wurde die Lücke größer, und Frau Schubert wirkte erschrocken. Sie fasste sich an den Hals, schluckte – und ich war froh, dass ich ihre Aufmerksamkeit so schnell gewinnen konnte und sie sich nicht angegriffen fühlte und widersprach, wie es auch oft vorkommt. Kritik anzuhören ist für viele Menschen nicht einfach. Aber es würde sich oft lohnen, um aus einem unglücklichen ein glückliches Mensch-Hund-Team zu formen.

Lucky war ein typischer Vertreter dieser Hundegeneration, die nicht einfach Hund sein darf. Die Hunde tragen ihr Schicksal, ohne aufzubegehren, und bemühen sich, die Anforderungen zu erfüllen, die an sie gestellt werden. Doch eines Tages klappt es nicht mehr. Das System bricht zusammen – wie bei einem Menschen, der zu lange auf hohem Stressniveau lebt. Denn so ein Hundeleben ist Stress pur – und nicht nur für die Vierbeiner. Auch die Zweibeiner sind gestresst von dem hohen Zeitaufwand, den der Hund scheinbar beansprucht. Aber es ist nicht der Hund. Sie selbst sind es. Meistens sind sie irgendwie reingerutscht, und gerade wenn man in der Gruppe trainiert, entwickelt sich oft hoher Druck, mitzuhalten oder besser zu sein. Dann steht nicht mehr die Freude an der gemeinsamen Aktivität mit dem Hund im Vordergrund, sondern es geht darum, die anderen, die zu Konkurrenten werden, zu übertreffen. Dieses Verhalten entwickelt eine Eigendynamik. Nicht selten sind Hundebesitzer erleichtert, wenn ich ihnen mitteile, dass sie viel zu viel unternehmen.

Was Lucky betrifft, der aus Unglück und Überforderung zu bellen begann, bin ich zuversichtlich, dass er wieder fröhlich geworden ist. Die Mail, die ich zwei Wochen nach unserem Treffen von Frau Schubert erhielt, klang vielversprechend. Nicht nur Lucky schien sich zu entspannen, auch Frau Schubert. Sie genieße es, schrieb sie mir, mehr Zeit für sich zu haben. Ich freute mich darüber, dass diese Kundin meine Ratschläge so schnell umgesetzt hatte. Manche Menschen brauchen lange, ehe sie sich von Gewohnheiten trennen können, auch wenn es ungeliebte sind. Menschen sind manchmal schon komische Wesen, stellt die Hundetrainerin in mir fest. Wie sonst kämen sie auf die Idee, aus wundervollen Hunden Profisportler, Einser-Abiturienten und Superstars machen zu wollen?

Brauchen Hunde einen vollen Terminkalender?

Meine Kunden haben sich verändert in den letzten Jahren. Ich erinnere mich gut an Zeiten, als ich vielen Hundehaltern ins Gewissen reden musste, mehr mit dem Hund zu unternehmen, als jeden Tag zweimal die gleiche Strecke zu laufen: Nutzen Sie das Gassigehen zum Training, spielen Sie mit dem Hund, fordern Sie seine Aufmerksamkeit, geben Sie ihm Jobs, finden Sie etwas, was Ihnen beiden Spaß macht. Heute geht es oft eher ums Bremsen als ums Motivieren. Oder besser gesagt, ich motiviere zum Bremsen. Es sind häufig die verantwortungsvollen Hundehalter, die ihren Gefährten zu viel zumuten. Sie wollen alles richtig machen und schießen dabei weit übers Ziel hinaus. Es gibt auch ständig Angebote für engagierte Hundehalter. Jede Woche entdecke ich neue Arten der Hundebeschäftigung. Man kann Hunde zu Hautkrebsschnüfflern ausbilden, Trüffel mit ihnen suchen, sie können tanzen und vermisste Personen suchen. In jedem Postleitzahlgebiet finden sich Hundetrainer, -schulen, -ernährungsspezialisten, -heilpraktiker, -kommunikatoren, -osteopathen, und zahlreiche Gassigeher verdienen sich mehr als ein Taschengeld, weil die berufstätigen Hundehalter tief in die Tasche greifen, damit der Hund tagsüber gut beschäftigt wird. Gelegentlich kriechen solche Hunde abends im wahrsten Sinn des Wortes auf allen vieren in ihren Korb, brechen dort zusammen und schlafen ohnmachtsähnlich bis zum nächsten Morgen, wenn der Hundesitter klingelt. Und mancher Hund würde sich dann wohl am liebsten die nicht vorhandene Bettdecke über den Kopf ziehen. Aber die Halter haben ein gutes Gewissen. Denn geht es nicht darum, den Hund müde zu machen? Aber ehrlich: Mit Lebensqualität hat das nichts zu tun!

Die meisten Hundebesitzer kümmern sich selbst um ihre Hunde, und manche tun dies in einem Maß, das sie an den Rand ihrer Belastbarkeit bringt. Sie wollen unbedingt, dass es dem Hund gut geht, und schätzen sein Eventbedürfnis völlig falsch ein. Deshalb besuchen sie Dog-Dancing-Kurse, machen Zughundesport, stehen bei Wind und Regen auf Hundesportplätzen herum, nehmen an Agility-Wettkämpfen teil. Von der Hundeschule spricht keiner mehr, die wird vorausgesetzt, auch die Extrakurse, die dort angeboten werden, wie Fährtenarbeit, Mantrailing, Obedience, Longieren und so weiter. So hängt Herrn und Hund die Zunge raus, und der Hund kriegt obendrein Augenringe.

Ich finde es immer tragisch, wenn sich eine prinzipiell zu begrüßende Aktivität verselbstständigt und dann für alle Beteiligten unter dem Strich nur noch Stress bleibt. Der aber, das ist das Fatale, gar nicht erkannt wird und dann an einer ganz anderen Stelle herausbricht. Im schlimmsten Fall als aggressives Verhalten des Hundes. Dabei wollte der Mensch doch bloß etwas Schönes mit seinem Hund erleben, das ihn und den Hund noch enger zusammenschweißen sollte, so wie es ihm versprochen wurde. *Aktivitäten mit Ihrem Hund stärken die Bindung. Ihr Hund wird lernen, dass es bei Ihnen immer toll ist.* So viel zur Theorie.

Man darf bei Hunden niemals vergessen, dass sie sich extrem gut anpassen können. Deshalb sind sie auch relativ leicht zu überfordern. Die meisten Hunde geben wie gesagt alles, um Herrchen und Frauchen zufriedenzustellen. Ist das nicht auch ihr Job? Die enge Bindung des Hundes an den Menschen begann, als der Mensch ihm Aufgaben zuteilte. Als

Hütehund für das Vieh, Wachhund für den Hof, Jagdhund für den Jäger, Diensthund bei der Polizei – und heute sind viele Vierbeiner im Vierundzwanzigstundendienst als Familienhunde und Freizeitpartner eingespannt.

Die Großen sind für die Kleinen verantwortlich, man hat sie lieb, kuschelt mit ihnen, findet sie drollig, bringt ihnen etwas bei, ist stolz auf sie, macht sich Sorgen, wenn es ihnen nicht gut geht. Hunde können es, was die soziale Entwicklung betrifft, mit Kindern im Alter bis zu drei Jahren aufnehmen. Ihre Beobachtungsgabe ist so ausgefeilt, dass sie wahrnehmen können, was das Interesse eines artfremden Wesens weckt. Sie treffen eigene Entscheidungen, die zuweilen sogar den Kommandos ihres Vorgesetzten widersprechen, zum Beispiel wenn ein Blindenhund stehen bleibt, obwohl sein Mensch ihm befiehlt weiterzugehen. Aber der Mensch sieht die Gefahr nicht, die der Hund erkennt, und der Hund weiß sogar, dass sein Mensch diese Gefahr nicht einschätzen kann. Nicht nur Zählen, sondern auch rudimentäres Verstehen von Sprache und eine Vorstellung von anderen Individuen gehören zum Repertoire unserer Gefährten. Außerdem sind sie in der Lage, Strategien zu entwickeln, um sowohl ihre Artgenossen als auch Menschen zu täuschen. Sie laufen an der Leine, da taucht ein anderer Hund auf, und sie signalisieren ihrem Menschen mit allen Mitteln, wie gern sie mit dem Artgenossen spielen würden, sodass der Mensch den Karabiner aufhakt. Pflichtschuldig schnuppert der Hund einmal an dem Artgenossen, spielt vielleicht sogar fünf Sekunden, und dann gibt er Fersengeld und verfolgt seinen ursprünglichen Plan: die Fährte, die er kurz zuvor wahrgenommen hat. Halali!

Genauso tricksen sie andere Hunde aus. Hund A spielt mit einem Ball, auf den Hund B scharf ist. Anstatt den Ball direkt einzufordern, fängt er seinerseits an, hochinteressiert an etwas herumzuschnuppern oder einen Stock durch die Gegend zu tragen. Das alles mit einer Körpersprache, als hätte er soeben die tollste Sache der Welt entdeckt. Was wiederum die Neugier von Hund A weckt, der nun den Ball fallen lässt und wissen will, was Hund B da Spannendes hat. Überflüssig zu erwähnen, wie schnell Hund B bei seinem Objekt der Begierde, dem Ball, ist…

Haben Sie schon einmal versucht, einen Hund mit einer Wurfbewegung zu täuschen? Das durchschaut er schnell. Er weiß auch, welche Schuhe bedeuten, dass jetzt Gassi gegangen wird, und mit welchen Schuhen Frauchen ohne ihn das Haus verlässt. Er erkennt auf einen Blick, in welcher Schüssel sich mehr Futter befindet. Hunde können auch Abkürzungen wählen und haben ein sehr gutes Erinnerungsvermögen in der Natur. Sie merken sich Orte, die für sie von Bedeutung sind. Es gibt Experimente, bei denen Tiere auf dem schnellsten Weg zu einer Belohnung gelangen sollten. Hierbei zeigten Hunde Verhaltensweisen, die auf Planungsfähigkeit schließen lassen. Darüber hinaus können Hunde einschätzen, was ein anderes Individuum – ob Hund oder Mensch – als Nächstes tut, und sich dementsprechend verhalten. Sie verfügen über ein arithmetisches Grundverständnis und können auf jeden Fall bis fünf zählen.

Hunde können auch von ihrer Umwelt lernen, Probleme zu lösen. Sie können hervorragend nachahmen und beobachten, ja sogar ihre Schlüsse daraus ziehen.

Wie intelligent ein einzelnes Individuum ist, ist allerdings abhängig von seiner Genetik und der Entwicklung vor der Geburt.

Aus all diesen Beobachtungen kann geschlossen werden, dass Hunde über eine Art Ich-Bewusstsein verfügen. Dass sie andere Individuen täuschen können, setzt ja voraus, dass sie den Unterschied zwischen sich und der Umwelt wahrnehmen.

Hunde empfinden Emotionen wie wir Menschen. Wer mit Hunden lebt, merkt genau, ob der Hund fröhlich, traurig, übermütig, ängstlich oder was auch immer ist. Hunde sind hoch entwickelte soziale Wesen, die ihre Zuneigung deutlich zeigen können. Und sie gehen verschwenderisch damit um, sind nicht nachtragend – und treu, auch wenn man sie nicht gut hält und ihnen ihre Grundbedürfnisse verwehrt.

Geschieht dies aus Unwissenheit, mag es ein kleines Stück weit zu entschuldigen sein. Doch heute beschäftigen sich Hundehalter oft intensiv mit ihren Hunden, leider aber oft mit Scheuklappen. Im Bestreben, den Hund zu fördern, wird seine Befindlichkeit übersehen. Quantität garantiert keine Qualität. Ich komme noch einmal auf Kinder zurück. Ältere Menschen erinnern sich aus ihrer Kindheit an freie Nachmittage: Mittags war die Schule aus, der Ranzen, der noch kein Rucksack war, wurde in die Ecke geschleudert, nach dem Mittagessen flugs die Hausaufgaben erledigt, und dann ging es raus zum Spielen. Termine gab es keine oder nur selten. Heute kommt ein freier Nachmittag in einem Kinderkalender manchmal gar nicht mehr vor. Man muss sich fragen, wie all die Erwachsenen, aus denen was geworden ist, das geschafft haben bei einem solchen Schlendrian. Aber vielleicht ist es gerade der Schlendrian, der sie erfolgreich gemacht hat. Weil sie Zeit zum Spielen hatten, um etwas auszuprobieren, mal hier und dort zu schnuppern, neue Wege zu gehen.

Auch Hunde schätzen den Schlendrian! Aber leider gibt es immer mehr Vierbeiner, denen dazu keine Zeit gelassen wird. Nachfolgend der Wochenplan eines solchen Workaholics wider Willen. Der Hund hat sich das nicht ausgesucht. Der ist nicht gefragt worden. Sein Halter hat so entschieden, in allerbester Absicht, dem Hund ein artgerechtes Leben zu ermöglichen. Und artig macht der Hund alles mit – bis er bricht.

Montag
Morgenrunde mit den Damen – acht bis zehn Hunde, die sich im Park für zwei Stunden treffen. Hunde rennen, Damen reden. Nachmittags Obedience-Kurs; abends joggt Herrchen eine Stunde, im Sommer mit abschließendem fünfzehnminütigen Schwimmen.

Dienstag
Morgens einstündige Radtour, im Sommer mit Schwimmen, mittags Treffen mit Elke und Kaya zu einem mindestens eineinhalb-, öfter zweistündigen Waldspaziergang, im Anschluss Cafébesuch; abends Agility-Training mit Herrchen.

Mittwoch
Vormittags mit Frauchen auf den Agility-Platz, zweieinhalb Stunden Training, nachmittags Radtour zum See mit Schwimmen, abends joggen mit Herrchen. Hund muss mehrfach aufgefordert werden, seinen Korb zu verlassen, läuft dann aber schwanzwedelnd mit.

Donnerstag
Kurze Runde am Morgen, langer Spaziergang um die Mittagszeit mit drei Freundinnen und vier Hunden, abends Begleithundetraining im Hundeverein.

Freitag
Morgens Treffen mit der Damenrunde im Park, circa eineinhalb Stunden, nachmittags spielt der Mann mit dem Hund Frisbee, um ihn schön müde zu kriegen, weil das Paar Freitagabend lateinamerikanisch tanzt.

Samstag
Vormittags Treibball im Hundeverein, nachmittags langer Radausflug.

Sonntag
Bergtour

Wenn Sie jetzt glauben, dass das am Fell herbeigezogen ist, muss ich Sie enttäuschen: leider nein. So etwas gibt es, und zwar nicht selten. Mir hängt da schon beim Schreiben die Zunge raus. Freie Tage kommen in solchen Plänen nicht vor. Keine Erholung, kein Wochenende, ja am Wochenende wird oft das doppelte Pensum abgearbeitet. Kurioserweise überwiegt bei manchen Hundehaltern das gute Gewissen den Spaß an der Handlung. Das heißt, dass sie gar nicht gerne spazieren gehen oder in die Hundeschule oder sich mit anderen Hundehaltern zum gemeinsamen Gassi verabreden. Aber danach fühlen sie sich gut, weil sie glauben, sie hätten ihrem Hund eine Freude gemacht. Gerade solche Treffen wie in vorherigem Beispiel die Damenrunde werden von manchen Hundehaltern nur für ihre Hunde absolviert. Da gehen Leute miteinander spazieren, die sich eigentlich nicht mal besonders mögen oder die sich in Gegenwart der anderen langweilen. Aber sie tun es für die Hunde, die so schön spielen. Hätte man die Hunde gefragt, hätten sie lieber geruht.

So etwas geschieht, wenn man seine Intuition ausschaltet und nur noch Aufgaben abhakt. Doch der Hund ist keine Aufgabe. Er ist ein Lebewesen mit Bedürfnissen, die leider oft falsch interpretiert werden, denn »er wedelt doch«. Aber ein Wedeln muss nicht bedeuten, dass dem Hund die Sache auch gefällt.

Ja, ein Hund geht gern Gassi und spielt Ball und ist gern mit anderen Hunden zusammen, und am liebsten mag er es, wenn sein Frauchen dabei ist. Wenn er merkt, dass sein Frauchen möchte, dass ihm etwas gefällt, wedelt er erst recht. Und manchmal wedelt er auch einfach so, weil man eben wedelt. Oder aus Verlegenheit, Sorge, Beschwichtigung, Höflichkeit.

Verantwortungsbewusste Hundehalter sollten erkennen, wo der Hund Gefahr läuft, eine Grenze zu überschreiten. Es gibt Hunde, die sind für extreme Belastungen gezüchtet, sogenannte Hochleistungshunde. Aber selbst bei diesen kommt es häufig zu Problemen. Erstens psychisch, weil sie oft sehr nervös sind, zweitens physisch, weil diese extremen Anforderungen dem Körper auch sehr viel abverlangen, zum Beispiel beim Leistungssport Frisbee mit seinen harten Stopps und Sprüngen, bei Agility und Hundesport. Zerrungen, Stauchungen, Herz-Kreislauf-Probleme, Arthrosen sind unter Umständen die (Spät-)Folgen. Sollten Sie solche Sportarten mit Ihrem Hund trainieren, sorgen Sie dafür, dass der Hund zu Beginn seine Muskeln aufwärmt, so wie ein zweibeiniger Sportler es auch tun würde. Niemals aus dem Auto springen lassen und mit dem Training beginnen. Ein Kaltstart fördert die Verletzungsgefahr.

Überprüfen Sie immer wieder Ihre Motive für Ihre Aktivitäten mit dem Hund. Machen sie Ihnen Spaß? Und dem Hund? Fühlen Sie sich in Ihren Hund ein. Gefällt ihm die jeweilige Beschäftigung wirklich, ist er bereit, oder wirkt er müde, als würde er das Training ohne Motivation absolvieren? Lassen Sie sich nicht von einem Schwanzwedeln auf die falsche Fährte führen. Und seien Sie auch zu sich selbst ehrlich, indem Sie sich fragen, wie wichtig es für Ihr eigenes Selbstbewusstsein ist, dass der Hund, wo auch immer, gut abschneidet. Welchen Stellenwert hat der Hund in Ihrem Leben? Ist er womöglich auch ein bisschen ein Prestigeobjekt? Nehmen Sie es persönlich, wenn er versagt? Glauben

Sie, Sie werden an Ihrem Hund gemessen? So werden Sie einschätzen können, ob die Dog-Life-Balance in Ihrem Team in der Waage ist.

Signale richtig deuten

Leider werden die Stresssignale, die Hunde aussenden, oft fehlinterpretiert. Angenommen, ein Hund ist nach dem Gassigehen unruhig. Die meisten Hundehalter deuten dies so, dass der Spaziergang zu kurz ausgefallen sei, und gehen dann halt noch mal eine Runde. Oder sie fahren lieber gleich mit dem Rad oder spielen noch ein bisschen Ball mit dem Hund. In Wirklichkeit ist der Hund aber unruhig, weil er erst mal runterkommen muss. In meiner Praxis höre ich oft »Kurz nach dem Gassi ist er unruhig in der Wohnung hin und her gelaufen, weil er schon wieder fit war. Ich gehe jetzt immer doppelt so lange, aber ich glaube, das reicht noch immer nicht. Ich weiß nicht, wie ich das zeitlich noch schaffen soll.«

Wenn ein Hundebesitzer das Ruhebedürfnis seines Hundes nicht berücksichtigt und mutmaßt, der Hund brauche mehr Bewegung, leistet er damit einer weiteren Steigerung des Bewegungsdrangs Vorschub. Der Hund braucht scheinbar immer mehr Bewegung, doch hinter der Unruhe steckt eher das Gegenteil: ein Mangel an Ruhe.

Ich weiß, dass die Signale, die der Hund aussendet, zuweilen widersprüchlich erscheinen. Da hilft manchmal der Vergleich mit einem Kleinkind. Sie würden wohl kaum auf die Idee kommen, einem völlig überdrehten Zweijährigen um 22 Uhr anzubieten, jetzt noch auf die Kirmes zu gehen und Karussell zu fahren. Sie würden mit ruhiger Stimme und langsamen Bewegungen versuchen, das Kind zu beruhigen, es runter- und nicht hochzufahren, und es dann ins Bett bringen, wo es wahrscheinlich innerhalb von Sekunden in einen ohnmachtsähnlichen Schlaf fiele. Ein Hund, der nach dem Gassi überdreht ist, gehört in seinen Korb, auf seine Decke, nicht auf die Wiese zum Ballspielen oder neben das Fahrrad, um ihn jetzt aber wirklich auszupowern. Ausgepowert ist er bereits. Genau deshalb findet er keine Ruhe. Bei der Bewegung wird der Neurotransmitter Dopamin, eine »Selbstbelohnungsdroge«, ausgeschüttet. Dopamin steigert den Antrieb und die Motivation. In richtiger Dosis baut es Stress ab. Wird aber die übermäßige Bewegung selbst zum Stress, beginnt ein Teufelskreis: Der Hund braucht immer länger, um die Stresshormone abzubauen. Weitere Aktivitäten wirken dann, als würde man Öl ins Feuer gießen.

Wenn ich diese Stressspirale erkläre, wenden manche Hundehalter ein, dass der Hund aber ganz bestimmt gern Ball spielen oder eine Radtour machen würde. Natürlich. Vielleicht ist er ein sogenannter Balljunkie, darauf komme ich später noch zu sprechen. Und außerdem möchte er bei seinem Rudel bleiben. Sobald Herrchen Anstalten macht, das Haus zu verlassen, will er mit, auch wenn er eigentlich lieber in seinem Korb bleiben würde. Der Hund handelt aufgrund eines kurzfristigen Reizes. Herrchen zieht Schuhe an, und der Hund reagiert darauf. Er überlegt sich nicht, welche Konsequenzen das hat: Wenn ich jetzt zeige, dass ich mitwill, muss ich womöglich noch zehn Kilometer rennen, dabei tun mir alle Muskeln weh von der gestrigen Bergtour. Der Hund denkt nicht: Hoppla, ich muss mich zurücknehmen, sonst krieg ich einen Burnout. Der Hund bleibt treu an der Seite seines Menschen, der wiederum nichts lieber täte, als auf dem Sofa zu liegen. Ein Bierchen, ein paar Salzstangen und die Champions League oder Tee und Buch. Aber für seinen lieben Hund reißt er sich am Riemen und geht halt dann noch mal raus.

Schade. Die zwei hätten es so gemütlich haben können!

Die freie Straßenbahn

Tierfreunde und Wissenschaftler, die den Alltag von Hunden in der freien Wildbahn beobachten – wobei die Wildbahn heute oft eine Stadt ist, in der die sogenannten Straßenhunde sich zu Rudeln zusammenschließen –, beschreiben dasselbe, was auch mir bei meinen Reisen aufgefallen ist. Ob in Asien, Afrika, Spanien oder Griechenland, ich habe mir keine Chance entgehen lassen, herrenlose Hunde zu studieren. Sie verbringen in der Regel eineinhalb Stunden des Tages mit Nahrungssuche und Essen. Zwei Stunden gehen für Patrouillengänge, Spielen und In-der-Gegend-Herumschauen drauf. Der Rest der Zeit, also zwanzigeinhalb Stunden, wird mit Schlafen und Dösen zugebracht. Das deckt sich mit meinen Erinnerungen an meine Kindheit in Ostafrika. Damals war ich noch fast blind, und die Hunde dienten mir zur Orientierung. Sie ließen es ruhig angehen, und niemand störte sie beim Faulenzen. Es gab keine Hundeschule, kein Hundetraining, obwohl die Hunde am Strand alle irgendwem gehörten. Sie waren frei und konnten ihre Tage nach eigenem Gutdünken gestalten. Keiner lief weg oder jagte oder zeigte ein auffälliges Verhalten. Es waren allesamt gut verträgliche Hunde, die ihre Revierrangeleien souverän meisterten – ich habe keine einzige gefährliche Beißerei erlebt. Alles lief höchst entspannt ab, und dann machte man mal wieder ein paar Schritte, ließ sich grunzend auf die Erde fallen und döste weiter.

Vielleicht entsteht bei manchen Hundebesitzern dabei der Eindruck von Langeweile und Öde. Ich habe es nicht so empfunden. Denn trotz der relaxten Lage hatte jeder Hund eine Aufgabe. Ein Grundstück bewachen, Patrouille gehen, Nahrung suchen, spielen mit Artgenossen. Die zwei Hunde meiner Eltern, der Schäferhund Fesko und der Labrador Bengi, passten auf mich auf. Für mich als Einzelkind waren sie wie ältere Geschwister. Wenn sich jemand näherte, warnten sie mich. Ich konnte nicht sehen, wer kam, doch ich hörte an der Art ihres Bellens, ob wir denjenigen kannten oder nicht. Als ich nach einer Augenoperation im Alter von acht Jahren beide Hunde nicht nur spürte und hörte, sondern auch sah, machte das für mich keinen Unterschied. Sie waren einfach präsent – und immer gut gelaunt. Gestresste Hunde gab es am Strand nicht. Heute denke ich, dass sie ja auch von niemandem gestört wurden in der Ausübung der anspruchsvollen Tätigkeit Hundesein. Ich bin überzeugt davon, dass Hunde ihrem Wesen nach ziemlich ausgeglichene Gefährten sind. Man spricht oft von einer Verhaltensstörung des Hundes. Meiner Meinung nach wird das Verhalten des Hundes aber am häufigsten vom Menschen gestört. Zum Beispiel, wenn ein frei lebender Hund nach einer Rettungsaktion von einer sportbegeisterten Familie adoptiert wird …

Was wir ganz selbstverständlich finden – mit dem Hund Gassi zu gehen –, auf so eine Idee kommen Hunde nicht, die sich selbst überlassen sind. Natürlich wandern sie in ihrem Revier herum, aber nicht um Kalorien zu verbrennen, sich fit zu halten oder auf einen Wettkampf vorzubereiten. Sie tun es, um Nahrung zu finden und die Lage zu checken. Und wenn sie satt sind, machen sie es sich gemütlich.

Kann man vor dem Hintergrund dieser von Studien bestätigten Ergebnisse noch behaupten, *für den Hund* Gassi zu gehen – oder muss man nicht ehrlicherweise zugeben, dass man es ein Stück weit für sich selbst tut? Wir gehen für uns selbst Gassi, und weil der Hund ein so treuer Gefährte ist, begleitet er uns.

Aber er ist eben auch ein Gewohnheitstier, und wenn wir jeden Tag mehrere Stunden mit ihm unterwegs sind, gewöhnt er sich daran, wie wir auch. Das müssen wir begreifen, wenn wir ihm gerecht werden und die Dog-Life-Balance verwirklichen wollen.

Wer führt?

Als Zweibeiner tragen wir die Verantwortung für die Dog-Life-Balance. Wir sind die Großen. Wir geben den Napf aus, wir schicken den Hund in den Korb. Es liegt an uns, zu erkennen, ob und wo ein Mangel herrscht. Doch dazu müssen wir unsere Führungsrolle ausfüllen.

Führung bedeutet nicht, dass man jedes Verhalten des Hundes regelt, also permanent auf den Hund einredet, seinen Entscheidungsspielraum beschneidet und ihn zu einem tumben Befehlsempfänger macht. Gute Führung zeigt sich darin, dass dem Hund genauso viel Freiraum zugestanden wird, wie er bewältigen kann, indem er eigene Entscheidungen fällt und Lösungsansätze entwickelt. Das ist von Hund zu Hund verschieden. Ein gut geführter Hund verlässt sich auf die Kompetenz seines Halters, seiner Halterin, wenn er selbst nicht mehr weiterweiß. Er wird von dem Vertrauen geleitet, dass sein Herrchen oder Frauchen ihn beschützen und eingreifen wird, wenn er in Not ist.

Dieses Gefühl der Sicherheit ist für den Hund überlebenswichtig. Es gibt nur sehr wenige Hunde, die eine Führungsposition anstreben. Die meisten schließen sich bereitwillig einer starken Führung an. Allerdings muss der oder die Vorgesetzte beweisen, dass er dazu wirklich imstande ist. Sonst wird der Hund unsicher, und das kann zu Missverständnissen führen. Der Hund könnte sich aufgefordert fühlen, die Führung zu übernehmen – obwohl er das in der Regel nicht anstrebt. Die Führungsrolle würde ihn auch überfordern. Doch selbst diesen ungeliebten Job würde er für sein Frauchen oder Herrchen erledigen, wenn die dazu nicht in der Lage sind. Einer muss das Rudel sichern. Das geschieht auch mit Regeln und Ritualen, innerhalb derer ein Hund sich orientieren kann. Darüber hinaus erhält er je nach Stellung in seinem Rudel Aufgaben, die er gut bewältigen kann, sodass er zufrieden mit sich und der Welt ist.

Es berührt mich immer wieder, wenn ich beobachte, wie ein Hund innerlich und äußerlich wächst, der eine Herausforderung gemeistert hat. Und wenn er manchmal einen Blick über die Schulter wirft: *Was sagst du jetzt, hm? Habe ich der gemeingefährlichen Plastiktüte, die sich unter dem Gebüsch verkrochen hat, nicht ordentlich Bescheid gesagt?*

»Gut gemacht«, lobe ich, weil so eine Plastiktüte, in die ein Windstoß fährt, ja auch aus einer Geisterbahn ausgebrochen sein könnte.

Und wenn der Postbote vor dem Gartenzaun steht und meine Alarmanlage anschlägt, schreie ich nicht »Aus! Aus!«. Das käme bei meinen Hunden so an, als würde ich mitbellen. Stattdessen lobe ich sie kurz, »Gut gemacht«, und schicke sie zurück ins Haus. Sie haben ihren Job erfüllt, indem sie mir gemeldet haben, dass jemand an der Reviergrenze steht. Sobald ich ihnen zeige, dass das bei mir angekommen ist, können sie das Thema für sich beenden. Ich übernehme, und weil ich die Führung innehabe, obliegt es mir, zu entscheiden, wie mit dem Postboten verfahren wird.

Bei dem Wort »Führung« fallen vielen Menschen die eher unsympathischen Zeitgenossen ein, die ihre Interessen mit den Ellbogen durchboxen. Doch das beweist keine Führung, sondern lediglich schlechtes Benehmen. Wahre Autorität bedeutet Authentizität, und die braucht keine laute Stimme und keine Drohgebärden. Einem Menschen, der natürliche Autorität ausstrahlt, folgt man gern. Man vertraut sich ihm an, weil er einem das Gefühl von Sicherheit vermittelt. Das schätzen auch Hunde. Führung ist dynamisch, nicht starr, und deshalb ist Führungskompetenz auch nicht jeden Tag gleich stark ausgeprägt. Mal fühlt sich der Chef stärker, mal schwächer, mal ist die Chefin risikobereiter, dann wieder zurückhaltend. Das spielt letztlich keine Rolle, solange das Rückgrat der Führungspersönlichkeit stark bleibt. Sie ist kein Fähnchen im Wind, sie vertritt Werte, auf die man sich verlassen kann. Ihre Reaktionen sind berechenbar, nicht willkürlich. Sie ist zuverlässig, gerecht, und ihre Entscheidungen sind nachvollziehbar. Sie hat es nicht nötig, herumzubrüllen – weshalb sollte sie einen Hund anbrüllen, dessen Hörvermögen das des Menschen um ein Vielfaches übertrifft? Da würde sie sich ja lächerlich machen – Hunde können im Ultraschallbereich hören.

Wenn der Mensch führt und wenn die Beziehung stimmt, genügt ein Blick des Hundehalters, und der Hund stoppt ein Verhalten, das nicht erwünscht ist. Und der Mensch *sollte* führen! Denn mit zu viel Freiheit können Hunde nicht umgehen, das widerspricht ihren Bedürfnissen. Sie bevorzugen Grenzen und klare Regeln, die sich nicht verändern sollen. Manchen Menschen fällt es gelegentlich schwer, ihre Hunde anzuleiten. Sie nennen das Herumkommandieren, und so etwas widerspricht ihren Wertvorstellungen. Sie stimmen für Selbstverwirklichung, Freiheit und Freiwilligkeit. Jeder soll Raum erhalten, sich zu entfalten – auch der Hund. Nun will der sich aber gar nicht entfalten. Der will von seinem Chef wissen, wo es langgeht. Der Hund möchte sich anschließen, keine eigenen Wege gehen. Er möchte sich orientieren, keine eigene Route finden. Er schätzt Struktur und Rituale, mit einem antiautoritären oder gar anthroposophischen Ansatz kann er nichts anfangen. Und das führt zu Missverständnissen – die Dog-Life-Balance kippt.

Im schlimmsten Fall legt der Hund Verhaltensweisen an den Tag, durch die ein soziales Leben für seinen Halter nicht mehr möglich ist. Nicht wenige Menschen wechseln den Wohnort, den Job, den Freundeskreis, weil ihr Hund sie angeblich dazu zwingt. Das ist ein klares Indiz für Führungsschwäche.

Ein gut geführter Hund kann überall mit hingenommen werden. Er fällt nicht auf, schon gar nicht unangenehm. Er hat gute Manieren, ist freundlich, ausgeglichen, ein treuer Gefährte in guten und schlechten Zeiten, dessen Zuneigung und Vertrauen sicht- und spürbar sind. Und das merken dann auch andere Menschen, die stehen bleiben und sich umdrehen nach diesem Mensch-Hund-Team, das da so entspannt durch die Fußgängerzone einer Großstadt läuft. Manchmal hebt der Hund den Kopf, und die beiden wechseln einen Blick, als wären sie durch eine unsichtbare Leine miteinander verbunden. Nein, es ist keine Leine, es ist ein stärkeres Band, und es pulsiert von Herz zu Herz.

Alarmzeichen:
Wie sich ein Mangel in den Grundbedürfnissen äußern kann

Ein Hund bittet seinen Menschen um kein Meeting, um kundzutun: Hör mal, Frauchen, ich habe da einen Mangel, und es wäre super, wenn du den bei Gelegenheit beseitigen könntest. Der Mangel wird durch sein Verhalten sichtbar – so wie es ja auch bei uns Menschen ist. Wir denken zwar über unser Leben und seine Umstände nach, doch es ist schwer, über den eigenen Tellerrand hinauszublicken. Und so leiden wir manchmal an Symptomen, die einen Mangel ausdrücken, von dessen Existenz wir gar keine Ahnung haben. Wir haben vielleicht bloß ein diffuses Gefühl, dass da irgendetwas nicht stimmen könnte. Wir werden krank, weil unsere Seele an einem Mangel leidet oder weil wir unserem Körper zu viel zumuten. Oder beides.

Häufig sind Krankheiten bei Hunden auf die fehlende Balance der Grundbedürfnisse zurückzuführen. Manche Beobachtungen der Besitzer sind geradezu klassische Beschreibungen starker psychischer Belastungen. Zum Beispiel das

nervöse Pfotenschlecken: Es entspricht dem Fingernägel-
kauen beim Menschen und ist ein Hinweis auf eine Über-
oder Unterforderung des Hundes. Aber auch an einem
stumpfen Blick kann man es ablesen. Oder bei starker Schup-
penbildung. Ein gestresster Hund kann in Sekundenschnelle
schuppen – bei schwarzen Hunden sieht man das sehr deutlich. Magen- und Darmprobleme können ebenfalls auf einen
Mangel bei den Grundbedürfnissen verweisen. Wie schnell
die Verdauung des Hundes reagiert, wissen Hundebesitzer.
Da hat der Hund etwas Aufregendes erlebt – und der nächste
Haufen ist dann auch ein solcher, keine Wurst. Sollte der
Hund anhaltend appetitlos sein, besteht der Mangel womöglich schon länger und manifestiert sich in einem Stresssym-
ptom. Stress wiederum schwächt das Immunsystem und
kann zu diversen Krankheiten führen, sodass manche Hundehalter viel Geld für Tierärzte und Ernährungsspezialisten
und andere Fachleute ausgeben – ohne die Ursache zu finden.
Es ist wie beim Menschen, bei dem ja auch die Psyche Aus-
löser zahlreicher Erkrankungen ist. Man muss das ganze System mit einbeziehen, um die richtige Spur zu finden.

Nun kann ein Hund zwar nicht sprechen, was die Sache
erleichtern würde, aber auch Menschen tappen bei ihren
Symptomen ja oft im Dunkeln. Die gute Nachricht: Da es nur
fünf Grundbedürfnisse gibt, können wir diese relativ schnell
auf eine Mangelsituation oder ein Übermaß überprüfen.

Auch Unterforderung kann überfordern

Dog-Life-Balance bedeutet, dass sowohl das Leben des Menschen als auch das seines Hundes so ausgeglichen verläuft,
dass beide Freude daran haben und keiner in Stress gerät,
wenn er die Bedürfnisse des anderen erfüllt. Auf den vorhe-

rigen Seiten habe ich schwerpunktmäßig von der Überforderung des Hundes durch zu viel Leistung gesprochen. Doch ein Hund kann die Symptomatik von Überforderung zeigen und dabei unterfordert sein. Je intelligenter der Hund ist, je mehr er auf Leistung gezüchtet wurde, desto schneller wird er unter Reizarmut leiden. Angenommen, ein Labrador der jagdlichen Leistungslinie wird als Familienhund gehalten, dessen Hauptaufgabe es ist, sich die Zärtlichkeiten und Zwickereien der sechsjährigen Zwillinge gefallen zu lassen. Zweimal am Tag wird er dreißig Minuten Gassi geführt, oft an der Leine, da die Familie in der Stadt lebt, immer dieselbe Strecke. Es ist nicht auszuschließen, dass dieser Hund, der für anspruchsvolle Aufgaben gezüchtet wurde, früher oder später Frust-Symptome entwickelt. Vielleicht fängt er an zu bellen, oder er zerlegt das Sofa, vielleicht knurrt er die Zwillinge an oder beginnt seltsame Spiele, wie seinen Schwanz zu fangen, was die Zwillinge lustig finden. Oder er will seinen Korb nicht mehr verlassen, in dem er sich eng zusammenrollt. Fatal wäre es in diesem Fall, zu glauben, der Hund sei einfach nur müde. Wenn müde, dann lebensmüde, weil das kein Leben für einen Hund wie ihn ist, der gefordert werden möchte. Je nach Hunderasse, Alter und Temperament benötigt ein Hund mehr oder weniger Aufgaben. Leider gibt es noch immer Menschen, die gar nicht auf die Idee kommen, dass es einem Hund an einem Grundbedürfnis mangeln könnte, wenn sie doch täglich zwei Stunden mit ihm Gassi gehen. Aber Gassi allein reicht nicht für ein gutes Hundeleben, in dem alle Bedürfnisse erfüllt sind.

Wenn ich meine Kunden nach ihrem Alltag mit ihrem Hund frage, überprüfe ich auch, ob ihm langweilig sein könnte. Zu wenig Aktivität macht auf Dauer trübsinnig, nicht anders als bei einem Menschen, der den ganzen Tag nichts anderes tut als essen und schlafen und zweimal die stets gleiche Runde im gleichen Tempo um den Block drehen. Da kann man durchaus in eine depressive Stimmung rutschen. Auch als Hund. Unterforderte Hunde resignieren, schalten ab, ziehen sich in sich selbst zurück. Man erkennt es an ihrem Blick, er ist nach innen gerichtet und wirkt traurig.

Leider wird so ein Hund fälschlicherweise oft als ruhig eingestuft. Aber er ist nicht ruhig, er ist depressiv, wie es gerade bei unterforderten Hunden oft zu beobachten ist. Sie entwickeln auch häufig Stereotype wie im Kreis laufen, die Rute fangen, sich kratzen und dergleichen. Das sind Verhaltensauffälligkeiten, die man auch bei *über*forderten Hunden findet. Deshalb ist es so wichtig, über den Alltag des Hundes Bescheid zu wissen. Hunde können sogar an starken Depressionen leiden, zum Beispiel bei Verlust ihres Menschen. Da kann ein Hund in drei Tagen ein Drittel seines Körpergewichts verlieren und in eine lebensbedrohliche Krise geraten.

Manche Hundehalter unterfordern ihren Hund, weil sie glauben, er sei zu alt für gewisse Aktivitäten. Der Tierarzt hat vielleicht Arthrose festgestellt und Schonung empfohlen. Der Hundehalter möchte seinen Gefährten vor Schmerzen bewahren und packt ihn in Watte. Alles, was der Hund gern gemacht hat, wird eingestellt. Kein Wunder, dass der Vierbeiner Depressionen bekommt.

Ich bin der Meinung, dass man lieber hin und wieder eine Schmerztablette geben und dem Hund Aktivitäten in geringerem Maße ermöglichen sollte. Im Zweifelsfall würde ich immer für Lebensqualität stimmen. Man kann sich ja etwas einfallen lassen und die Lieblingsspiele des Gefährten, dessen Zeit auf Erden sich dem Ende zuneigt, seiner Situation anpassen.

Davon abgesehen versteht der Hund nicht, was Arthrose ist. Bei ihm kommt an, dass Herrchen und Frauchen plötzlich nicht mehr mit ihm spielen. Außerdem gucken sie ihn immer so traurig an. Hat er einen Fehler gemacht? Was ist bloß los? Er versteht seine Hundewelt nicht mehr.

Oft beobachte ich auch, dass ältere Hunde zu Hause gelassen werden, wenn ihre Menschen ausgehen. Den jungen Hund nimmt man mit, damit er was erlebt. Der alte will bestimmt seine Ruhe. Tatsächlich? Jedes Verlassen des Reviers kann auch eine willkommene Abwechslung sein. Wichtig ist es, dem Hund nicht wahllos irgendwelche Aktivitäten anzubieten, sondern solche, die er gern macht. Und wenn er Probleme mit dem Bewegungsapparat hat, lassen Sie sich am besten ein paar Übungen von einer Hundephysiotherapeutin zeigen, die Sie anschließend selbstständig mit Ihrem Hund durchführen können. Außerdem sollten Sie genau darüber Bescheid wissen, welche Bewegungsabläufe dem Hund schaden. Bei Arthrose in den vorderen Extremitäten sollten Sie beispielsweise auf Ballspiele verzichten beziehungsweise den Hund erst losschicken, wenn der Ball bereits wieder auf der Erde liegt, sodass das abrupte Abstoppen entfällt.

In einem meiner Mantrailing-Kurse gehört ein sechzehnjähriger Senior namens Einstein zu den Ausnahmetalenten. Der Feld-Wald-Wiesen-Mischling hört und sieht kaum mehr etwas, aber auf seine Nase kann er sich verlassen. Der Geruchssinn eines Hundes funktioniert meistens bis zum Schluss hervorragend. Einstein findet jede versteckte Person. Von seinem Frauchen weiß ich, dass er nach dem Mantrailing zwei Tage fast nur schläft, so sehr strengt er sich an. Doch er ist mit Leib und Seele dabei. Einstein hat einen Job und spürt, dass er gebraucht wird. Denn wenn er diese Leute nicht findet, wer soll es sonst tun?

Die fünf Grundbedürfnisse des Hundes

Auch wir Menschen haben Grundbedürfnisse. Wir möchten genug zu essen haben, ein Dach über dem Kopf und mit anderen, die uns wohlgesinnt sind und die wir mögen, in Sicherheit leben. Hunde unterscheiden sich diesbezüglich nicht von uns. Sie wollen auch genug zu essen und sich sicher und zu einer Gruppe gehörig fühlen, die aus Artgenossen und/oder Menschen besteht. Darüber hinaus haben Menschen weitere Ansprüche, die oft zu Problemen führen. Ein neues Smartphone, Urlaub auf den Malediven, der Mann soll sagen, was er fühlt, die Frau soll fühlen, wie viel sie sagt, und da wird es kompliziert.

Der Umgang mit Menschen ist in der Regel schwieriger als der mit Hunden, auch wenn wir dieselbe Sprache benutzen. Die kommt nämlich von Mensch zu Mensch verschieden an, außerdem taktieren Menschen und verschleiern und verstellen sich. Hunde zeigen meistens klar, was Sache ist. Wer sich mit ihrer Art der Kommunikation beschäftigt, wird die Sprache der Hunde schnell entschlüsseln. In meinem Buch *Ich weiß, was du mir sagen willst* habe ich erklärt, dass die Hundesprache keine Hexerei ist. Es gibt viel weniger Vokabeln als im Deutschen, und die Grammatik ist ein Klacks. Jeder Mensch kann die Hundesprache lernen.

Übrigens sind die Hunde, die mit Menschen leben, vertraut mit der Menschensprache, wenngleich sie nicht nur unsere Worte übersetzen, sondern auch unsere Körpersprache. Wir können es zur Meisterschaft im Lügen bringen und jedermann ein X für ein U vormachen. Aber einen Hund können wir nur selten belügen. Der liest in seinem Halter wie in einem offenen Buch, und zwar in drei Kapiteln: Gestik, Stimme und Stimmung. Unser Körper verrät uns, denn wenn wir lügen, zeigen wir Stresssymptome. Hunde überspringen die Sache mit den Wörtern und reagieren gleich auf das, was im Körper passiert. Hunde reagieren sehr fein auf menschliche Stimmungen; wir würden wahrscheinlich staunen, wenn uns bewusst wäre, wie viel Hunde über unsere Befindlichkeiten wissen. Es gibt Hunde, die Epileptiker vor einem nahenden Anfall warnen. Allerdings ist klar: Wenn der Mensch gestresst ist, stresst das auch seinen Hund.

Wir Menschen sind weit entfernt von einer solchen Sensibilität, und viele Menschen erkennen nicht einmal die sehr lauten Signale ihres Hundes, die dieser aussendet, wenn seine Grundbedürfnisse nicht erfüllt sind. Das ist dann der Job einer Hundetrainerin, die ja nichts anderes ist als eine Übersetzerin zwischen Hund und Halter. Der sieht oft lediglich das Symptom, unter dem er leidet. Hund bellt, Hund ist aggressiv, Hund folgt nicht und so weiter. Doch dieses Symptom ist eben häufig Ausdruck eines Mangels: Ein Grundbedürfnis wird nicht erfüllt, und darauf verweist der Hund mit seinem Verhalten, das wir als Fehlverhalten bezeichnen.

Stellen Sie sich vor, Sie sind sehr hungrig und übermüdet, und außerdem haben Sie Kopfschmerzen. Zu allem Übel begegnet Ihnen dieser Nachbar, den Sie nicht mögen, und weist Sie darauf hin, dass Sie Ihr Auto zwei Zentimeter zu weit rechts geparkt haben. Da kann es schon sein, dass Sie ihn mal kurz anknurren. Wenn es ganz blöd läuft, kann daraus eine größere Sache werden. Anwaltsschreiben gehen hin und her, der Haussegen hängt schief zwischen den Doppelhaushälften, die Atmosphäre ist vergiftet. Am Ende denkt man über Umzug nach – im übertragenen Sinne würde dies bedeuten, den Hund abzugeben, mit dem man nicht mehr zurechtkommt. So fängt manches Drama an, denn Ruhe und Schlaf benötigen alle Lebewesen.

In meiner Praxis begegnen mir oft Mensch-Hund-Teams, die »schon alles probiert haben«, um eine belastende Situation zu verändern: Der Hund ist aggressiv oder jagt oder zeigt ein anderes Fehlverhalten. Sie sind nur noch nicht darauf gekommen, dass die Ursache woanders liegen könnte als in einem Trauma oder einem frühwelplichen Erlebnis. Es steckt auch kein Dominanzverhalten oder besondere Anhänglichkeit oder was auch immer dahinter: Ein Grundbedürfnis fordert sein Recht.

Ruhe und Schlaf:
Hunde sind kein Spielzeug

Frau Stiegler, eine Mittdreißigerin mit dunklem Lockenkopf, empfing mich am Gartentor ihrer Erdgeschosswohnung am Stadtrand von München. Aus dem Haus heraus kläffte es.

»Ich dachte, ich erzähle Ihnen erst einmal, worum es geht«, sagte Frau Stiegler. »Und drinnen ist es so laut.«

Es war auch draußen fast zu laut, obwohl ich kein offenes Fenster entdecken konnte.

Frau Stiegler hatte sich gut auf unser Treffen vorbereitet und schilderte das Problem samt Umfeld. »Vor einem Jahr ist unser Hund gestorben. Korrektur, es war der Hund meines Mannes, ein Bernersenne namens Nando. Aber ich habe ihn auch ins Herz geschlossen. Er war ja schon vor mir an der Seite meines Mannes, und außerdem war er unglaublich lieb mit den Kindern, wir haben zwei, Junge und Mädchen, sieben und fünf Jahre alt. Ich wollte eigentlich keinen Hund mehr, aber mein Mann hat Nando so vermisst und überhaupt das Spazierengehen, diese Atmosphäre, die ein Hund verbreitet. Also habe ich zugestimmt. Mein Mann wollte aber diesmal einen sportlichen Hund, der ihn beim Joggen begleitet. Er hat sich sehr gründlich informiert, auch einige Züchter besucht und sich dann für einen Vizsla entschieden. Hayo kam vor zwei Monaten im Alter von acht Wochen zu uns. Ich kümmere mich tagsüber werktags um ihn, abends und am Wochenende übernimmt mein Mann den Hund«, sie lachte, »und die Kinder. Ich habe Sie angerufen, weil ich mit Hayo nicht zurechtkomme. Der Hund ist der blanke Horror. Unser Nando war ganz anders, der hat viel geschlafen, war ruhig, freundlich, ausgeglichen, man hat eigentlich gar nicht gemerkt, dass er da war. Korrektur: Man hat es gerochen. Aber dieser Hayo, also, verstehen Sie mich bitte nicht falsch. Er ist ein drolliger Kerl. Aber er raubt mir den letzten Nerv. Er rast wie angestochen durch die Wohnung, quiekt, bellt, kommt nie zur Ruhe, ist ständig in Action, knabbert alles an, und immer in diesem Affenzahn. Der kann sich nicht normal bewegen, der ist superbeschleunigt. Andererseits sehe ich, dass mein Mann sehr glücklich ist, wieder einen Hund zu haben. Ich habe Sie gerufen, damit sich ein Außenstehender ein Bild von der Lage macht und damit Sie mir sagen, ob das normal ist, ob das besser wird oder ob ich meinem Mann eröffnen muss, dass ich das mit Hayo nicht schaffe. Was mir das Herz brechen würde, und ihm erst recht, aber ich sehe keine andere Lösung.«

Frau Stieglers Klarheit beeindruckte mich. Ich konnte ihr Dilemma nachempfinden und fragte sie als Erstes: »Wie verhält sich Hayo den Kindern gegenüber?«

»Er kuschelt gern mit ihnen, aber dann wird er ganz schnell überdreht. Sie spielen auch zusammen, aber wenn er zu wild wird, muss ich dazwischengehen. Und das macht mir auch Sorgen. Denn jetzt ist er ja noch klein, aber was ist, wenn er ausgewachsen ist?« Besorgt schaute sie mich an. »Ich würde gern Ihre Meinung hören, ob Gefahr für meine Kinder besteht. Ich würde den Hund auf jeden Fall behalten wollen, wenn wir eine gute Lösung finden, die mich nicht so überfordert wie im Moment. Mein Mann ist völlig verschossen in ihn.«

»Schildern Sie mir doch bitte einmal Ihren Tagesablauf.«

»In der Früh geht der Stress schon los. Ich wecke die Kinder, der Hund springt in die Betten, Tohuwabohu, meine Kinder finden das lustig, es ist ohrenbetäubend, der Hund kläfft, die Kinder kreischen. Irgendwann schaffe ich es, ihn ins Wohnzimmer zu sperren. Dort protestiert er lautstark, aber anders kann ich die Kinder nicht anziehen, da würden wir ja nie fertig.«

»Wo ist Ihr Mann zu dieser Zeit?«

»Auf dem Weg zur S-Bahn. Vorher ist er kurz mit dem Hund draußen, und er geht ein zweites Mal, wenn er heimkommt. Das ist aber auch so eine Sache, denn der Hund flippt völlig aus, wenn mein Mann nach Hause kommt. Letzte Woche hat er ihm einen Schmiss an der Backe verpasst mit seinen Krallen, so stürmisch ist der. Das macht mir natürlich Sorgen wegen der Kinder.«

Ich nickte. »Und wie geht Ihr Tag dann weiter?«

»Wenn ich die Kinder in der Schule und im Kindergarten abgeliefert habe, rase ich heim. Ich weiß ja nicht, was Hayo zwischenzeitlich angestellt hat.«

»Bewegt er sich frei im Haus?«

»Ja, das heißt nein. Er ist im Wohnzimmer.«

»Er kann sich aber frei bewegen?«

»Ja. Ich habe mir zwar überlegt, ihn anzuleinen, aber das erschien mir zu gefährlich. Er könnte sich strangulieren, so wie der immer rumtobt.«

»Da gibt es andere Möglichkeiten«, deutete ich an und hatte eine erste Lösung für Frau Stiegler im Kopf. Sie erzählte mir im Folgenden, dass sie vormittags eine Stunde mit Hayo spazieren ging, um ihn müde zu kriegen. »Wenn ich Glück habe, treffe ich unterwegs andere Hunde, mit denen er spielt. Leider ist er nach dem Gassigehen oft nicht müde. Er legt sich kurz hin oder gönnt sich im Auto ein Nickerchen, wenn ich auf dem Heimweg vom Gassi einkaufe. Ich fahre oft mit dem Auto in den Park, damit ich nicht an der Straße entlanglaufen muss, er reißt mir ja fast den Arm raus an der Leine.«

Frau Stiegler stieg in meiner Achtung. Obwohl sie es so schwer hatte mit dem kleinen Racker, nahm sie es dem Hund nicht übel. Sie unterstellte ihm keine Absicht. Sie nahm sein Verhalten hin, als wäre es nicht zu ändern – aber das war es.

Frau Stiegler berichtete weiter, dass der Hund sie ständig störte, ob bei der Hausarbeit oder wenn sie sich in ihr Homeoffice zurückzog – sie hatte eine Teilzeitstelle und sollte vier Stunden täglich für ihre Firma arbeiten. »Das erledige ich meistens nachts, wenn Hayo endlich schläft, denn bei seinem Gejaule kann ich mich nicht konzentrieren. Und er jault immer, wenn er allein ist. Nehme ich ihn aber mit ins Büro, macht er nur Quatsch. Er beißt überall rein. Wenn ich irgendwohin gehe, läuft er mir nach. Ich kann ihn zwar auf seinen Platz schicken, aber da bleibt er nur kurz. Wenn ich die Kinder am Nachmittag aus der Betreuung hole, bin ich fix und fertig und zähle die Stunden, bis mein Mann nach Hause kommt. Nachmittags habe ich keine ruhige Minute. Meistens sind dann nämlich auch andere Kinder bei mir, meine Kinder laden Freunde ein. Aber da muss ich erst recht aufpassen, dass Hayo keinen Quatsch macht. Im Haus kann ich ihn nicht lassen, dann dreht er durch, er hört es ja, wenn die Kinder draußen spielen, und will unbedingt mitmachen. Ruhig wird es erst, wenn mein Mann mit Hayo Gassi geht. Meistens sind die beiden eine Dreiviertelstunde unterwegs. Danach ist er endlich müde. Er kriegt sein Abendessen, damit wir dann in Ruhe essen können, und es geschieht ein Wunder. Bis zum nächsten Morgen hört man nichts mehr von dem Hund. Man muss ihn sogar zwingen, noch mal aufzustehen für ein schnelles Pipi im Garten, bevor wir zu Bett gehen.« Frau Stiegler seufzte. »Was meinen Sie? So kann das doch nicht weitergehen. Oder ist das normal?«

»Nein, das ist nicht normal«, entgegnete ich. »Und ich habe auch schon ein paar Ideen, wie wir Ihre Situation verbessern können.«

Wie viel Gassi braucht ein Hund?

Vor dem dritten Lebensmonat soll der Hund kaum Gassi gehen, ab dem dritten Monat sind fünf Minuten täglich pro Lebensmonat zu empfehlen. Das heißt, ein dreimonatiger Welpe geht fünfzehn Minuten Gassi, ein viermonatiger zwanzig Minuten, ein fünfmonatiger fünfundzwanzig Minuten. Somit hatte Hayo mit seinen vier Monaten schon deutlich mehr Kilometer auf den Ballen, als ihm zustanden. Wäre er nicht in der Obhut einer Familie, sondern seines Hunderudels, würden er und seine Geschwister sich vor dem fünften Monat nicht aus der unmittelbaren Umgebung ihrer Höhle entfernen. Die große, weite Welt müsste warten, es gibt ja so viel anderes zu erfahren und zu lernen. Besonders Sozialisation und Habituation sind in dieser Zeit wichtig: andere Tiere, das Gebiet, Geräusche, Gerüche.

Die gibt es auch in einer Wohnung, und deshalb braucht der Welpe keine langen Spaziergänge. Zu viele Eindrücke kann er noch gar nicht verarbeiten. Sie überfordern und überreizen ihn – und dann kommt er nicht mehr zur Ruhe, so wie der kleine Hayo. Es würde genügen, ihn mit den Geräuschen und Abläufen des Haushalts vertraut zu machen. Staubsauger, Spülmaschine, Mixer, Toilettenspülung. Wenn das keine Abenteuer sind! Allein der Staubsauger, dieser gefährlich brüllende Kerl. Und dann die Spülmaschine, die einen ständig lockt, mal kurz mit der Zunge vorzuspülen, aber dann schließt sie ihr großes Maul schon wieder. Und was es sonst nicht noch alles im Haus gibt!

Natürlich soll der Hund auch Artgenossen treffen, kleine Ausflüge unternehmen, damit er nach und nach die Umwelt und den Alltag seiner Familie kennenlernt und versteht, wie man sich darin bewegt. Dazu gehören Autofahrten, Straßenverkehr, warten vor einem Geschäft, spielen, nicht buddeln dürfen, nicht jagen dürfen, keine Kissen von den Sitzmöbeln klauen, keine Pflanzen umtopfen. Bei so vielen Erlebnissen genügen einem viermonatigen Welpen zwanzig Minuten Gassi täglich, nicht nur psychisch, sondern auch physisch.

Der Hundekörper ist im Wachstum, eine Überforderung in diesem Alter kann fatale Folgen haben. Ich kenne den sehr traurigen Fall eines fünfmonatigen Weimaraners, der an einem Herzleiden verstarb, weil seine Besitzerin den Rat des Züchters beherzigt hatte, dass der Hund sehr viel Bewegung brauche. Der Züchter hatte vergessen zu erwähnen oder die Besitzerin hatte es überhört: »Wenn er ausgewachsen ist.« Die Besitzerin, die alles richtig machen wollte, war jeden Tag ein bis zwei Stunden Rad gefahren, und der Hund war nebenhergelaufen, bis er bei einem dieser gut gemeinten Ausflüge tot zusammenbrach.

Von solchen Missverständnissen höre ich öfter, wenngleich sie meist nicht so schrecklich enden. Züchter wollen die zukünftigen Hundehalter so gut wie möglich vorbereiten und schildern die rassetypischen Eigenschaften des Hundes, erklären genau, was er braucht, aber dabei geht leider zuweilen unter, dass das nicht für den Welpen gilt. Der muss erst mal wachsen und gedeihen, und zwar in Ruhe. Wer einen Welpen zu vielen Reizen aussetzt, züchtet sich einen nervösen Hund heran, weil ein Welpe so viele Reize nicht verarbeiten kann.

Leider wird das von manchen Hundeschulen nicht berücksichtigt, bei denen die Welpenspielplätze an Disneyland erinnern. Für den unerfahrenen Hundehalter ist das hoch attraktiv. Er verwechselt Quantität mit Qualität und sieht das Bällebad, das Wackelbrett, die Plane, den Tunnel, die Schepperdosen, Flatterbänder, den Schwebebalken, die Raschelkiste – toll! Hier lernt mein Hund was, mag er denken und hat recht: Hier lernt der Hund Stress.

Das müsste gar nicht sein, wenn das Lerntempo stimmen und den Hunden genug Zeit gegeben würde, all diese aufregenden Dinge kennenzulernen, wenn man sie nach und nach von einer zur nächsten Herausforderung führen würde. Doch meistens werden in einer Stunde alle Welpen durch den gesamten Parcours geschleust – mit dem Resultat, dass die Hunde nach dieser Stunde völlig überreizt sind. Besser wäre es, sich bei einer Hundeschule anzumelden, die den Parcours in Themenstunden aufteilt. Der Spielplatz sieht dann zwar relativ leer aus, aber die Welpen lernen in einem ihnen angemessenen Tempo und haben genügend Zeit, sich alles so gründlich anzuschauen, dass sie es gut verarbeiten können.

Es ist sehr wichtig, das Erkundungsverhalten der Hunde zu unterstützen, da wir dabei ihre Gehirnleistung fördern, die für spätere Problemlösungsstrategien benötigt wird. Im Alter von circa fünf Monaten durchlaufen Welpen eine sogenannte Angstphase. Situationen, die sie vorher cool bewältigt haben, jagen ihnen nun einen Schrecken ein. Wenn sie davor ohne Überforderung an Reize herangeführt wurden, werden sie diese Wochen gut meistern.

Hayo war ein ausnehmend hübscher Magyar Vizsla, dessen schlaksige Gestalt mit den unglaublich langen Ohren mich zum Lächeln brachte. Was für ein drolliger Kerl. Aus sehr großen Augen betrachtete er mich und legte seine Stirn dabei in

Falten, als gäbe ihm mein Erscheinen eine schwere Denkaufgabe auf. Die tiefen Augenringe, geradezu dick geschwollene Wülste, gefielen mir hingegen weniger. Aber deshalb war ich ja da – um Hayos Grundbedürfnis nach Ruhe einzufordern. Dann würde es auch Frau Stiegler besser gehen.

Es gab bei Hayo auch körperliche Symptome, die auf einen Mangel hinwiesen, so sein häufiger Durchfall. »Wir haben das Futter schon mehrmals umgestellt, leider ohne Erfolg«, erfuhr ich von Frau Stiegler. »Was empfehlen Sie denn? Rohes Fleisch oder Dose oder Trockenfutter?«

»Ich empfehle vor allem Ruhe«, sagte ich. »Täglich mehrere große Portionen, vormittags, nachmittags, abends, und nachts sowieso. Wenn der Hund sich entspannt, wird er wahrscheinlich jedes Futter vertragen.«

Frau Stiegler schaute mich fragend an.

»Hayo leidet an einer Reizüberflutung«, erklärte ich ihr. »Ein Welpe seines Alters braucht sehr viel Schlaf, achtzehn bis zwanzig Stunden kann so ein kleiner Kerl wegschlafen.«

Frau Stiegler riss die Augen auf. »So viel schläft Hayo nie!«

»Ja. Und das ist sein Problem. Er ist so überdreht, weil er zu wenig Schlaf und Ruhephasen hat. Und weil er so unruhig ist, glauben Sie, Sie müssten ihn noch mehr beschäftigen.«

»Ein Teufelskreis!«, rief sie.

»Genau«, nickte ich. »Und zwar für Sie beide. Kann er sich gut konzentrieren? Ihr Mann trainiert doch bestimmt mit ihm. Was kann er denn schon?«

»Nichts. Also, fast nicht. *Sitz* klappt manchmal. Aber er ist ja viel zu nervös, zu unkonzentriert, zu hibbelig, um etwas zu begreifen. Ich habe mir zwei Erziehungsratgeber gekauft, aber das hat gar keinen Sinn bei dem. Wenn er ein Kind wäre, würde ich auf ADHS tippen.«

Ich nickte. »Da liegen Sie gar nicht so falsch. Nur hat Hayo nicht von sich aus Probleme mit der Reizfilterung, sondern er wird mit Reizen überflutet, denen er gar nicht ausweichen kann.«

Übermüdete Hunde haben Konzentrationsprobleme, wie übermüdete Menschen. Wenn Frau Stiegler mich nicht gerufen hätte, wäre Hayos Schicksal in gewisser Weise besiegelt gewesen. Der Hund hätte immer höher gedreht, und es wäre immer schwieriger geworden, ihn zu erden. Dass er erst vier Monate alt war, stimmte mich zuversichtlich. Und auch der Eindruck, den Frau Stiegler bei mir hinterließ. Sie würde den kleinen Racker bändigen.

Boxenstopp

Da Welpen keine innere Instanz haben, die sie ins Bett schickt, müssen das die Hundehalter übernehmen. Die sollten auch für die Einhaltung der Ruhezeiten sorgen. In Ruhephasen und vor allem im Schlaf verarbeitet der Hund, was er erlebt hat. Wenn man bedenkt, dass ein Welpe die große Welt entdeckt, kann man ermessen, wie viel es da zu verarbeiten gibt. Alles kommt einer Premiere gleich. Das erste Mal Auto gefahren. Das erste Mal in der Pizzeria. Das erste Mal einen Staubsauger gesehen und gehört. Zum ersten Mal begriffen, was erwartet wird, wenn das Wort »Sitz« fällt. Das erste Martinshorn. Ein Teller ist scheppernd auf den Boden gefallen. Der Nachbarshund hat geknurrt. Wahnsinn, ist das Leben aufregend! Schläft der kleine Hund zu wenig, fehlen Zeit und Muße, Stress abzubauen, und er kann das Erlebte nicht verarbeiten. Der Stresspegel bleibt ständig auf einem hohen Niveau. Also kommt der Hund nicht zur Ruhe, und der Stress kann nicht abgebaut werden, weil der Hund nicht zur Ruhe kommt – ein Teufelskreis, der in eine ernsthafte Erkrankung münden kann.

Wie aber sollte Frau Stiegler es schaffen, den quirligen Hayo zu beruhigen? Ganz einfach: Er brauchte einen Boxenstopp!

Jeder Hund soll einen Rückzugsort haben, an dem er nicht gestört wird. Das kann eine Decke sein, ein Korb, ein Sofa. Solange der Hund nicht von selbst dort einkehrt, sondern Hilfestellung benötigt, ist eine Hundebox allerdings die erste Wahl. Die meisten Hundehalter haben sowieso eine im Auto. Für zu Hause finde ich die aus Plastik besser, also keine mit »Gitterstäben«. Aber man kann auch selbst schreinern und eine Box aus Holz bauen oder eine aus Zeltstoff anschaffen. Hauptsache, sie ist mit einer Tür versehen, die geschlossen werden kann. Denn so einer wie Hayo bleibt ja nicht freiwillig in der Box. Er muss erst lernen, wie behaglich es in dieser geschützten Höhle ist.

Manche Menschen schrecken vor der Anschaffung einer Box zurück, weil ihnen das so vorkommt, als würden sie ihren Hund in einen Käfig sperren. Dem ist mit einer Decke oder Kissen schnell abzuhelfen. So wird die Box zur Höhle, und Hunde lieben Höhlen!

Abgesehen davon, schützt die Box auch. Gerade Kinder respektieren das Ruhebedürfnis eines Hundes manchmal nicht und stören seine Ruhe- und Schlafphasen. Eine Box ist auch darüber hinaus sehr praktisch, wenn man verreist und Sorge hat, der Hund könnte ein Hotelzimmer zerlegen. In seiner Box fühlt sich der Hund zu Hause, egal wo er ist. Sie ist ein Stück vertraute Umgebung, ein bisschen wie ein Schneckenhaus. Um den Hund frühestmöglich daran zu gewöhnen, sollte man den Welpen vom ersten Tag an mit der Box vertraut machen und ihn, wann immer es erforderlich ist, dort ruhen lassen. Nach jeder Mahlzeit, nach jedem Gassi, tagsüber zwischendurch und vor allem, wenn man merkt, dass der Hund von sich aus keine Ruhe findet.

Denn Hunde müssen Ruhe lernen, sie können das nicht von alleine, wenn sie ständig Reizen in der Umgebung ausgesetzt sind. Sie schauen nicht auf die Uhr, ach, schon wieder Pause, mein Fahrtenschreiber verlangt eine Auszeit. Sollte der Hund am Anfang jaulen und kratzen und rauswollen: Nicht beachten und zum Öffnen einen Moment abwarten, wenn er ruhig ist. Sollte der Hund in der Box allerdings völlig außer sich geraten, vielleicht sogar den Eindruck erwecken, Panik zu bekommen, gehen Sie bei der Gewöhnung einen Schritt zurück. So wird sich der Hund schnell beruhigen und einschlafen. Und nach einer Weile wird er von sich aus die Box aufsuchen, wenn er seine Ruhe möchte. Meine Hündin Alma schläft bis heute gern in ihrer Box, die mit ihr mitgewachsen ist von einer kleinen Kiste zur großen.

Bei Hayo sollte Frau Stiegler einige Tricks anwenden. Ich riet ihr, hin und wieder ein Leckerli in die Box zu werfen, damit er freiwillig hineinging. Nach einigen Tagen der Eingewöhnung sollte sie Hayos Napf in die Box stellen, und während der Mahlzeiten auch mal die Tür schließen, aber nicht weggehen, sondern davor stehen bleiben und die Tür öffnen, sobald der Napf leer war. Wenn das alles gut klappte, sollte die Tür immer länger geschlossen bleiben, Leckerlis sollten gereicht werden. Man kann eine Box auch ins Wohnzimmer stellen und den Hund mit Leckerlis hineinlocken, wenn die Familie gemeinsam vor dem Fernseher sitzt.

»Und auf einmal habe ich gemerkt, dass Hayo in seiner Box eingeschlafen ist«, berichtete mir Frau Stiegler drei Wochen nach unserem ersten Treffen am Telefon. »Seither zieht er sich mehrfach täglich dorthin zurück, und zwar von sich aus. Er ist zwar noch immer recht lebhaft, aber es ist kein Vergleich zu früher. Und ein junger Hund darf ja auch lebhaft sein, nicht wahr?«

»Das höre ich gern!« Ich freute mich über diese großen Fortschritte, zumal ich auch noch erfuhr, dass Hayo lernte »wie ein Weltmeister« und schon *Sitz* und *Platz* und ein kleines bisschen *Bleib* konnte. An der Leine zog er auch nicht mehr ganz so wild.

Der Hund, der das Gras wachsen hört

Anders sah es im Falle Bella aus. Bella, eine vierjährige Boxer-Schäferhund-Mischung, hatte mit ihrem Halter Herrn Friedrich schon diverse Hundeschulen besucht und dort auch viel gelernt. Doch das eigentliche Problem blieb bestehen. Mehr noch: Es verschlimmerte sich. Mittlerweile ging Herr Friedrich nur noch abseits der beliebten Hundestrecken und in fremdem Gelände mit Bella Gassi, wo er die Wahrscheinlichkeit als gering einstufte, dass er einen Bekannten traf. Herr Friedrich war Anfang fünfzig und ortsbekannt als Direktor des Gymnasiums in einer Gemeinde im Fünfseenland bei München. »Meine Schulklassen habe ich im Griff«, erzählte er mir. »Bei Bella versagen alle Methoden.«

Ich forderte ihn auf, den letzten unangenehmen Vorfall zu schildern.

»Da muss ich nicht lange nachdenken. Das war gestern Abend. Eine Abiturklasse vom letzten Jahr hatte mich und einige Kollegen in einen Biergarten eingeladen. Ich nahm Bella mit, weil meine Frau zurzeit bei ihrer Mutter ist und ich ja nicht wusste, wie lang es dauert. Zuerst lief alles gut, sie schlief unter der Bank. Doch dann kam ein Hund vorbei, sie sprang auf, schnellte unter dem Tisch hervor, der andere Hund machte einen Satz zur Seite, sprang in eine Kellnerin, die ließ ihr Tablett fallen – und die junge Frau und ich, die auf der Bank saßen, rutschten runter, weil Bella sich dermaßen in die Leine schmiss. Obwohl nichts Schlimmes passiert ist, sind alle fürchterlich erschrocken, und ich befand mich in meiner üblichen Rolle des um Verzeihung Bittenden, nach Wiedergutmachung Fragenden und so weiter.«

»Wie benimmt sich Bella in der Hundeschule?«, erkundigte ich mich.

»Auf dem Platz ist sie brav. Ich lasse sie dort aber auch nicht von der Leine. Sonst habe ich sie ja nicht mehr unter Kontrolle. Auf dem Hundeplatz gab es bisher keine Vorfälle, solange ich einen gewissen Abstand zu den anderen Hunden einhalte.« Herr Friedrich zögerte. »Der Grund für meinen Termin bei Ihnen ist jedoch, dass Bella seit einigen Wochen immer unberechenbarer wird. Am Wochenende fahre ich mit ihr meistens irgendwohin zum Gassigehen, wo ich niemanden kenne. Nun reagiert sie auch noch abrupt auf Geräusche. Ein Vogel fliegt auf – Bella stürmt nach vorn. Auf einer weit entfernten Straße knallt ein Auspuff – dasselbe. Das Ganze geht so schnell, dass ich mich nicht vorbereiten kann. Wenn sie dann mal weg ist, bleibt sie auch lange weg. Einmal habe ich zwanzig Minuten auf sie gewartet. Das ist nicht schön für mich, zumal dann vor meinem inneren Auge der Film startet, was alles passieren könnte: Ein Jäger könnte sie erschießen. Sie könnte überfahren werden. Sie könnte ein Reh hetzen...« Herr Friedrich seufzte schwer. Bella, die im *Platz* neben ihm lag, hob den Kopf und schaute ihn an. »Ja, wir reden von dir«, sagte Herr Friedrich. Bella senkte den Kopf wieder und ruhte weiter. Die sechsjährige Hündin wirkte, als hätte das alles nichts mit ihr zu tun. Sie lag auf dem Teppich und war scheinbar ruhig. Doch wenn man genau hinsah, konnte man erkennen, dass der Mischlingshündin nichts entging. Die Ohren waren sofort gespitzt, als mein Stuhl knackte, und ihre Augen hellwach. Sie war eine äußerst scharfe Beobachterin, die nur so tat, als würde sie entspannt ruhen. In Wirklichkeit war sie hoch konzentriert.

»Ich frage mich«, fuhr Herr Friedrich fort, »ob ich sie überhaupt noch von der Leine lassen soll. Das mache ich ja sowieso nur am Wochenende. Es wäre mir aber wirklich arg, wenn ich sie bloß noch angeleint spazieren führen könnte. So ein Hund muss doch auch mal rennen. Nicht nur für die körperliche Fitness, auch psychisch, oder?«

»Ja«, stimmte ich zu.

»Aber wie gesagt, ich kann mich nicht auf ihre Ausreißer vorbereiten, sie geschehen blitzartig. So ein Hase oder Vogel taucht ja in null Komma nichts auf.«

Die Information, wie unmittelbar Bella auf Reize reagierte, war wichtig für mich. Oft verbergen sich Lösungsansätze in Kleinigkeiten. Die erhöhte Reaktionsgeschwindigkeit von Bella war ein entscheidender Hinweis. Bella zeigte typisches Jagdverhalten, ihre Schnelligkeit passte jedoch nicht richtig ins Bild. Da Herr Friedrich diese hervorhob und betonte, dass Bella sogar immer schneller würde, wies das Verhalten der Hündin auf einen hohen Stresspegel. Sie musste von ihrer Grundstimmung her schon ziemlich gestresst sein – sonst würde sie nicht mit dieser Blitzartigkeit reagieren, sonst müsste sie erst einmal »anlaufen«. Ich stellte noch einige Fragen zu dieser Fährte und hörte, dass Bella bis vor einem Jahr lediglich gefiept hatte, wenn ihr ein Hund an der Leine begegnet war. Das hatte sich gesteigert, wie auch der Jagdtrieb. Bella reagierte mittlerweile auf jeden Augen- und Ohrenreiz. »Ich glaube«, schloss Herr Friedrich, »Bella hört das Gras wachsen.«

Aber woher kam das? Ich erkundigte mich nach Bellas Alltag und erfuhr, dass sie an drei Tagen in der Woche von 7.30 Uhr bis 16 Uhr in einer Huta betreut wurde, der Hundetagesstätte. Inzwischen gibt es viele dieser Hutas, vor allem in

Ballungsgebieten. Zahlreiche Menschen erfüllen sich so den Traum vom Hund, obwohl sie tagsüber nicht zu Hause sind, oder beruhigen ihr schlechtes Gewissen, wenn der Hund zu viel alleine ist oder sie ihm nicht genug Kontakt zu Artgenossen bieten können. Hutas sind nicht billig, aber für ein gutes Gewissen zahlen viele Hundehalter gern.

In ihrer Huta hatte Bella zwei dicke Kumpels, mit denen sie sich einen Auslauf teilte. Das erleichterte Herrn Friedrich, weil Bella sich durch ihr Verhalten in der Regel ja keine Freunde machte. »Ich bin so froh, dass sie in der Huta Anschluss gefunden hat und dort spielen und toben kann. Sie geht sehr gerne hin. Meine Frau ist beruflich ziemlich eingespannt, sie kann sich nicht um den Hund kümmern und will das auch nicht. Der Hund ist meine Sache, meine Frau hat dafür ihr Pferd. Früher haben wir mit dem Gedanken gespielt, gemeinsame Ausflüge zu machen, sie auf dem Pferd, ich auf dem Fahrrad, und der Hund läuft mit. Aber das«, Herr Friedrich schüttelte den Kopf, »haben wir uns längst abgeschminkt. Das wäre unmöglich. Jedenfalls bin ich froh um die Bewegung, die Bella in der Huta hat. Davon abgesehen sind die Sozialkontakte dort wohl auch nicht zu unterschätzen.«

»Und wie geht der Tag weiter, wenn Sie Bella abholen?«, fragte ich.

»Wir machen einen circa eineinhalbstündigen Spaziergang nach Hause. Das genieße ich sehr nach einem langen Schultag. Allerdings wäre es schöner für mich, wenn ich Bella unbesorgt laufen lassen könnte. Ich behalte sie ja größtenteils an der Leine. Zu Hause bekommt sie ihr Fressen, dann schläft sie. Bevor ich zu Bett gehe, drehe ich noch eine kleine Runde mit ihr.«

»Wie lang?«

»Zehn bis fünfzehn Minuten.«

»Und wie sieht ein Tag aus, wenn Bella nicht in der Huta betreut wird?«

»Montags nehme ich sie mit in die Schule, das ist der einzige Tag, an dem ich selbst noch unterrichte. Die Kinder lieben Bella, sie liegt vorne brav neben dem Pult und folgt dem Unterricht aufmerksam. Manchmal habe ich den Eindruck, sie würde jedes Kind im Auge behalten.«

»Sie schläft nicht?«

»Nein. Sie lässt sich nichts vom Schulstoff entgehen«, behauptete Herr Friedrich augenzwinkernd. »Nach der Schule gehen wir wieder spazieren. Am Mittwoch bringe ich Bella zu meiner Mutter. Die ist über achtzig und noch sehr fit, zumindest geistig. Laufen kann sie nur kurze Strecken, deshalb spielt sie mit Bella im Garten Ball. Nachmittags hole ich den Hund ab und gehe ausgiebig Gassi. Das kann schon mal zwei Stunden dauern, fast so lang wie am Wochenende, wenn ich mit dem Auto irgendwohin fahre zum Gassigehen und sie frei laufen lasse. Ach ja, und am Samstagvormittag sind wir in der Hundeschule.«

Ich hatte keine weiteren Fragen. Die Ursache für Bellas Stress war gefunden. Ihr Verhalten zeigte geradezu lehrbuchhaft, was passiert, wenn das Stresssystem im Körper des Hundes eine eigene Dynamik entwickelt, weil der Hund versucht, Strategien zu entwickeln, um dem Stress zu entkommen. So etwas kennen wir Menschen auch: Wenn wir viel arbeiten und wenig schlafen, reicht oft ein kleiner Reiz von außen, um uns in Rage zu bringen. Wir stürmen dann zwar nicht nach vorne, um Hasen zu jagen, und bleiben fünfzehn Minuten weg, aber in übermüdetem Zustand können auch wir Menschen uns durchaus merkwürdig verhalten.

Ich erklärte Herrn Friedrich die Zusammenhänge: »Bella hat zu wenig Ruhephasen. In der Huta kommt sie nicht zur Ruhe, wenn sie den ganzen Tag mit zwei Freunden im Auslauf ist. Als Boxer-Schäferhund-Mischung ist sie darüber hinaus prädestiniert, gern zu spielen und auch mal am Zaun zu patrouillieren. Wenn Sie Bella dann aus der Huta holen, ist sie eigentlich fix und fertig. Doch statt ihr nun eine Pause zu gönnen, gehen Sie eineinhalb Stunden mit ihr Gassi. Kein Wunder, dass sie in ihrem überreizten Zustand auf jede Kleinigkeit reagiert. Ihr Nervenkostüm ist ja völlig durchlöchert. Begegnet ihr dann noch ein Hund, explodiert sie. Ihr Körper schüttet Noradrenalin aus, das sogenannte Kampfhormon, das in Verbindung mit Stress eine explosive Mischung ergibt. Noradrenalin ist wie Dopamin ein Neurotransmitter und in seiner Wirkung auch sehr ähnlich: Der Hund ist hoch motiviert und sehr reaktionsschnell. So wird der Angriff zur Lösungsstrategie, die Bella Erleichterung verschafft und ihr in der Folge einen Dopaminschub beschert. Und so ist der Kreislauf, den Sie mir beschrieben haben, bei Bella zum Selbstläufer geworden. Sie nutzt jeden noch so kleinen Reiz zur Entladung, und wenn nur ein Vogel auffliegt.«

Herr Friedrich hörte mir aufmerksam zu.

»Auch das Ballspielen bei Ihrer Mutter bestärkt Bellas Verhalten«, fuhr ich fort.

»Dann ist also der einzig gute Tag in der Woche der Montag, wenn ich Bella im Unterricht dabeihabe?«

»Ich befürchte, nein. Denn Sie haben mir erzählt, dass sie da auch nicht schläft, sondern die Schüler beobachtet.«

»Ja, das stimmt.«

»Bella braucht mehr Ruhe«, fasste ich zusammen.

Herr Friedrich legte den Kopf in den Nacken und schaute in den Himmel, als könnte er dort eine Lösung finden. »Ich will sie nicht weggeben«, sagte er schließlich leise.

»Das müssen Sie doch nicht«, erwiderte ich erschrocken.

»Aber ich weiß nicht, wie ich meinen Alltag bewältigen soll ohne die Huta und ohne die Hilfe meiner Mutter.«

»Darauf brauchen Sie auch nicht zu verzichten«, sagte ich.

»Sie meinen also, wenn der Hund mehr schläft und ruht, wird alles besser?«

»Ja. Aber ein bisschen Geduld müssen Sie haben. Denn dieses Stressprogramm im Körper des Hundes muss erst einmal umgestellt werden. Das kann einige Wochen dauern. Wenn Bellas Grundanspannung dann nachlässt, wird sie kein Bedürfnis mehr haben, jedem Vogel nachzuspurten, und sie wird nicht mehr so schreckhaft sein. Ihr ganzes System wird langsamer werden. Der Hund wird insgesamt ausgeglichener, er schießt nicht mehr so schnell hoch.«

»Und was genau muss ich tun?«, erkundigte sich Herr Friedrich, der wieder Hoffnung geschöpft hatte.

Ich erklärte ihm die Strategie, mit der er Bellas Stresspegel senken sollte. Herr Friedrich würde sich in der Huta nach Möglichkeiten des Rückzugs für Bella erkundigen und die Betreuerinnen bitten, Bella für zwei, drei Stunden täglich ins Büro zu nehmen, damit sie dort schlafen konnte. Wenn das nicht klappen sollte, würde er dort seine Hundebox aufstellen. Das würde zwar aufwendig werden, weil er sie jeden Tag bringen und abholen musste, aber es stand ja auch viel auf dem Spiel. Den Spaziergang nach dem Unterricht würde er auf eine Stunde begrenzen und sich in dieser Zeit aktiv mit dem Hund beschäftigen: Bella im *Fuß* gehen lassen und andere Übungen aus der Hundeschule wiederholen.

Herr Friedrich lachte. »Das wird mir auch guttun.«

Fragend schaute ich ihn an.

»Ach, ich bin beim Gassi in meinen Gedanken so oft noch in der Schule oder bei den Problemen dort. Manchmal stelle ich fest, dass ich innerlich nicht unterwegs bin, sondern noch immer auf meinem Stuhl im Direktionszimmer sitze. Ich bin gar nicht im Wald mit Bella. Wenn ich mich nun mehr auf Bella konzentriere, in einem positiven Sinn, anstatt in der

Anspannung zu sein, wann sie wieder losspurtet, und mit ihr trainiere, tut mir das bestimmt auch gut.«

Den Termin bei der Mutter würde Herr Friedrich so verändern, dass die Mutter weniger den Ball warf, ihn dafür häufiger versteckte und Bella suchen ließ. Diese Variante begeisterte Herrn Friedrich, da seine Mutter sich dabei ein wenig bewegen müsste – und das sollte sie ja tun, in Maßen, damit sie nicht ganz einrostete.

Zu Hause sollte Herr Friedrich Bella anleinen, sobald sie unruhig herumlief.

»Den Hund in der Wohnung anleinen?«, wiederholte er unsicher.

»Ja. Bella soll sich auf ihren Platz legen, und wenn sie aufsteht, leinen Sie sie dort an. So lernt sie, dass sie bleiben muss. Sobald das gut klappt, können Sie die Leine neben Bella auf den Boden legen. Wenn sie das verinnerlicht hat, ist die Leine neben ihr auf dem Boden ein Signal, Ruhe zu geben und sich zu entspannen. Diese Übung machen Sie auch draußen, so haben Sie in Zukunft gute Chancen auf einen entspannten Biergartenbesuch.«

Herr Friedrich schüttelte ungläubig den Kopf. »Das alles klingt, als wäre es ein Klacks.«

»Ein Klacks ist es nicht, aber machbar. Und wenn die Dog-Life-Balance wiederhergestellt ist, werden Sie und Bella ein wesentlich entspannteres Leben führen.«

»Ich nehme Sie beim Wort!«

»Das können Sie gern tun.«

Warum Ruhe und Schlaf so wichtig sind

Wir Menschen schlafen in der Regel sechs bis neun Stunden, vor allem in der Nacht. Hunde haben tagsüber mehrere Schlaf-Phasen, sogar Tiefschlaf-Phasen. Geht man beim Menschen von drei solchen Phasen pro Nacht aus, so sind es beim Hund innerhalb von vierundzwanzig Stunden deutlich mehr. Gerade in der Tiefschlafphase werden die Ereignisse des Tages »aufgeräumt«. Ein Hund, der tagsüber schläft, ist also nicht faul, er verhält sich artgerecht. Er braucht die Ruhe zur körperlichen Regeneration und zur Verarbeitung seiner Erlebnisse.

Dabei kann man ihm sogar zusehen, wenn er im Traum fiept und läuft und zuckt: Im Schlaf wird Stress abgebaut, der Hund entspannt sich. Hunde verschlafen zwei Drittel ihres Lebens. Aber verschlafen sie das Leben wirklich? Wer weiß, vielleicht sind manche ihrer Träume sogar spannender als das reale Gassi…

Ich wär gern mal Mäuschen in einem träumenden Hundegehirn. Welche Bilder sieht ein Hund? Hört er auch etwas? Jagt er hinter Mäusen und Hasen her? Kommen Menschen in seinen Träumen vor? Riecht er sie oder sieht er sie? Schwarzweiß oder farbig – also hundefarbig?

Hunde können nicht alle Farben erkennen, sie sehen aber auch nicht schwarz-weiß, wie oft gemutmaßt wird. Sie können Farben erkennen, aber nicht alle. Das hängt von den sogenannten Farbrezeptoren ab. Blautöne werden gut wahrgenommen, grüngelbe oder rotgelbe Töne werden eher gelblich wahrgenommen. Hunde können grüngelb, orange, rot und gelb nur schwer unterscheiden. Diese Farben kommen bei ihnen vermutlich in Grautönen an. Aus diesem Grund sind im Dummysport die Dummys häufig orangefarben. So kann der Werfer den Dummy gut sehen, während der

Hund – und das ist ja Zweck der Übung – seine Nase einsetzen muss.

Hunde sind ausgesprochene Bewegungs-Seher: Was sich nicht bewegt, weckt ihre Aufmerksamkeit nicht. Das merkt man beim Versteckspielen mit dem Hund, der zweimal an seinem starr hinter dem Baum stehenden Herrchen vorbeiläuft, ehe er ihn mithilfe seiner Nase ortet. Das hat sich übrigens auch bei klugen Katzen herumgesprochen, die sich im Angesicht eines Hundes nicht oder nur sehr langsam bewegen und so den Jagdtrieb des Hundes austricksen.

Vielleicht haben Sie sich auch schon gefragt, warum Ihr Hund das Leckerchen nicht findet, das Sie für ihn versteckt haben? »Ich glaube, mein Hund ist blind«, sagen Hundehalter dann manchmal. Nein, er ist nicht blind, er verlässt sich beim Suchen nur mehr auf die Nase als auf die Augen, und wenn der Wind aus der falschen Richtung weht, kann er durchaus zweimal am Leckerchen vorbeilaufen, ehe er es findet. Davon abgesehen bewegt sich so ein Leckerchen nicht, was die Sache für den Hund erschwert.

Dieses Phänomen habe ich oft beim Training mit der Rettungshundestaffel beobachtet, wenn ich als Versteckperson irgendwo ausharrte und ein Suchhund im Abstand von einem Meter an mir vorbeilief, ohne mich zu finden. Erst einige Meter hinter mir bekam er wegen des Windes meine Witterung in die Nase und machte kehrt.

Nach dem Training mit der Rettungshundestaffel haben meine Hunde oft besonders intensiv geträumt. Ob sie die versteckten Personen im Traum noch einmal fanden, ob sie ihre Witterung in die Nase bekamen, ob sie sich an diese überhaupt erinnerten? Gerüche, die nicht präsent sind, können wir Menschen nicht reproduzieren – wir erinnern nur die Gefühle, die sie auslösen.

Es würde mich interessieren, ob Hunde, so wie Menschen,

im Traum Konflikte verarbeiten und neue Lösungsansätze finden. Manchmal scheint es so, denn wenn der Hund sich in einem Lernprozess befindet, etwas verstanden hat und dann gut schläft und träumt, wird der Lernstoff am nächsten Tag schon viel besser umgesetzt. Es ist geradeso, als hätte der Hund im Schlaf weitergeübt und ein neues Verhalten integriert.

Ach, mich würde so viel interessieren aus der spannenden Welt der Hunde. Denn trotz allen Wissens über Hunde – wir stecken ja nicht drin in der Hundehaut. Wir können uns nur, so gut es eben geht, hineinversetzen. Und wir können Forschungsergebnisse studieren.

Wie beim Menschen gibt es auch bei Hunden Langschläfer, die ihre Halter morgens entsetzt ansehen: »Was, jetzt schon?!« Und es gibt Frühaufsteher, die es kaum erwarten können, in den Tag zu starten. Man kann einem Hund angewöhnen, so lange liegen zu bleiben, bis man den Tag mit ihm beginnen möchte. Ich staune manchmal, wenn mir Hundehalter erzählen, dass sie gern länger schlafen würden, aber ihr Hund sie so früh weckt. Wer die Führung hat, bestimmt auch, wann aufgestanden wird.

Natürlich sollten Sie berücksichtigen, wann Sie das letzte Mal am Abend mit Ihrem Hund draußen waren und wie spät er Nahrung zu sich genommen oder getrunken hat. Sie können kaum erwarten, dass er zehn Stunden durchhält, wenn er sich vor der Nachtruhe den Bauch vollgeschlagen hat. Aber wenn das alles geregelt ist, sollte der Hund warten, bis Sie den Tag eröffnen. Am besten, Sie bringen ihm das von Anfang an bei. Wenn nicht, muss er sich später umstellen.

Wie das geht? Ganz einfach: Geben Sie dem Hund seine letzte Mahlzeit nicht zu spät, sonst muss er mitten in der Nacht oder sehr früh raus. Achten Sie darauf, dass der Hund abends all seine Geschäfte erledigt hat, ehe Sie schlafen gehen. Wenn er morgens trotzdem zu früh ans Bett kommt oder an der geschlossenen Tür jammert und kratzt, ignorieren sie ihn. Sollte er Sie mit der Schnauze anstupsen oder Sie wach starren wollen, stellen Sie sich schlafend. Ohne zu kichern! Bleiben Sie konsequent, dann wird sich Ihr Hund schnell umstellen. Er wird vielleicht mal nachsehen, ob Sie schon wach sind, keine Reaktion feststellen und sich wieder trollen und selbst noch ein Nickerchen machen.

Im Winter fällt das Umgewöhnen etwas leichter, weil die Vierbeiner dann in der Regel länger schlafen; sie orientieren sich am Tageslicht. Aber im Winter würden viele Zweibeiner gern auch länger im gemütlichen Bett bleiben und sind prinzipiell häuslicher und gehen früher schlafen als im Sommer.

Wenn man mit dem Hund an einem fremden Ort übernachtet, ist es hilfreich, seine Decke, seinen Korb oder die Box mitzunehmen. Das erleichtert die Eingewöhnung und signalisiert dem Hund, dass man länger bleibt. So kann er die Situation richtig einschätzen und sich entspannen. Je länger ein Hund mit einem Menschen zusammen ist, desto berechenbarer wird dieser für ihn. Er kennt die Gewohnheiten seines Menschen; dem Hund entgeht nichts. Meine beiden wissen beispielsweise, dass bei uns überhaupt nichts passiert, solange nicht dieses rauschende Ding in der Küche eingeschaltet wurde, aus dem braune Flüssigkeit fließt, die in einen der Näpfe gefüllt wird, an dem keine Hundeschnauze schnuppern darf. Erst wenn ich eine Tasse Kaffee getrunken habe, beginnt der Tag für Wunjo und Alma. Also können sie noch ein Nickerchen machen. Dieses Angebot wird im Übrigen sehr gern genutzt.

Wenn ein Hund eine Weile woanders war und zurückkommt, stellen seine Menschen oft fest, dass er extrem viel schläft. Sie waren zwei, drei Tage Verwandte besuchen, und danach ist der Hund völlig platt. Aber er hat ja auch sehr viel zu verarbeiten. All die Veränderungen! Die Gerüche, die Geräusche waren anders; die ganze Umgebung war neu, unbekannte Artgenossen haben gebellt. Der Hund hat sich in einem fremden Revier bewegt, das fordert ihm Energie ab. Viele Hunde finden es spannend, einen neuen Ort kennenzulernen, andere könnten gut darauf verzichten – wie es ja auch bei Menschen verschiedene Typen gibt.

Viele Menschen nehmen ihre Hunde gern überallhin mit. Das Auto wird zu einer Art »fahrendem Korb«. Das ist für den Hund kein Problem: Grundsätzlich können Hunde sich – bei angenehmer Temperatur – im Auto gut entspannen. Es ist ein vertrauter Ort, der nach Heimat riecht, und sie wissen, dass ihre Menschen früher oder später wiederkommen. Meistens überbrücken sie die Wartezeit mit einem Nickerchen.

Schlafende Hunde soll man nicht wecken, sagt schon das Sprichwort. Kinder wie Erwachsene müssen dazu angehalten werden, Hunde ruhen zu lassen: Schlafstörungen und Schlafentzug können auch das Leben von Menschen gravierend beeinträchtigen. Wenn ein Hund immer wieder geweckt wird, kann er nicht tiefenentspannt schlafen, sondern er wird damit rechnen, jederzeit geweckt zu werden; das bedeutet hohen Stress mit den bekannten Folgen. Der Organismus ist in so einem Fall immer alarmbereit. Manche Hunde suchen sich Schlafplätze mitten im Weg aus. Hier ist es ratsam, den Hund an einen andern Platz zu führen, wo er in Ruhe schlafen kann und man ihn nicht ständig weckt, weil man vorbeimuss. Manche Hunde machen das, um nichts zu verpassen – vor allem wollen sie nicht verpassen, wenn Frauchen oder Herrchen das Haus verlassen will.

Wo der Hund am besten zur Ruhe kommt

Hunde legen keinen Wert auf ein Designerbett, sie sind ihrem Wesen nach anspruchslos. Aber sie haben durchaus individuelle Vorlieben. Während die einen lieber kühl und flach liegen, bevorzugen andere ein kuscheliges warmes Bett. Ich würde keinen Hund auf dem harten Boden liegen lassen, vor allem wenn der Hund älter ist und Arthrose hat, da das nicht gut für die Gelenke und Knochen ist. Hunde, die zu Blasenentzündung neigen, sollten nicht auf kaltem Boden ruhen. Welpen auch nicht. Gerade sie sind empfindlich, was Kälte und Feuchtigkeit betrifft. Wenn der Hund die freie Wahl hat, sucht er sich einen trockenen, weichen Platz, der gern erhöht sein darf. Eine Decke, ein Kissen, eine Schaumstoffmatratze sollten zum Standard gehören. Der Schlaf- und Ruheplatz des Hundes befindet sich idealerweise in einer ruhigen Ecke, an der nicht jeder ständig vorbeimuss, drübersteigt und so weiter. Dies ist sein Rückzugsort. Wenn er sich dort aufhält, ist er in seiner Schutzzone. Da wird er nicht herausgezogen oder bestraft, denn er braucht einen Platz, der ihm gehört, wo er sicher ist. Bei manchen Hunden heißt dieser Ort Sofa. Einige beanspruchen das ganze Sofa, andere nur einen Teil. Hunde liegen gern erhöht, da hat man einen besseren Überblick. Auch in Menschenbetten schlafen sie sehr gern. Die sind weich und riechen gut nach dem Zweibeiner, zu dem man gehört. Neulich habe ich eine Umfrage gelesen, nach der die Mehrheit der Hundebesitzer nur behauptet, ihren Hund niemals ins Bett zu lassen. Im Dunkeln sehe die Realität anders aus, hieß es. Diese Dunkelziffer halte ich für realistisch...

Hundehalter unter sich erzählen einander Sachen, die ein Nichthundehalter oft nicht nachvollziehen kann: Wir schwärmen, wie süß unsere Hunde sind, was sie alles können, und berichten schmunzelnd, was für schreckliche Dinge sie getan haben. Wir nicken verständnisvoll, bemitleiden einander, schicken eine Mail zum Hundegeburtstag und bringen beim Besuch einen Knochen oder einen Ball mit. Wenn ein Hund krank ist, sind es die Hundefreunde, die Trost spenden. Nichthundehalter meinen es nicht böse, wenn sie sagen: »Ist doch nur ein Tier.« Da nickt man dann vielleicht und spürt die Grenze.

Eine solche Grenze gibt es zuweilen auch zwischen Hunde- und Katzenfreunden, Eltern und Nichteltern, Fleischessern und Vegetariern, Berg- und Meerurlaubern. Die einen können sich nicht vorstellen, was den anderen lieb und teuer ist, weil ihnen die Erfahrung fehlt. Man muss selbst Hundehalter sein, um manches zu verstehen. Ich habe einige Male die Metamorphose von Nichthundehaltern zu Hundehaltern beobachtet. Eine Freundin erzählte mir, dass sie sich in den ersten drei Tagen nach jeder Berührung des Hundes die Hände wusch, bis sie begriff, dass sie sich ein Ekzem zuziehen würde, wenn sie so weitermachte. Sie ließ es bleiben und kam wie so viele andere völlig auf den Hund. Man streichelt den Vierbeiner und schiebt sich danach einen Keks in den Mund. Und man übergibt sich nicht, wenn er einem Speichelschlonz ans Knie schmiert. Manche Hundehalter haben Spaß daran, sich eine Wienerwurst aus dem Mund nehmen, sich übers Gesicht schlecken zu lassen und noch vieles mehr… Allein die Vorstellung würde bei den meisten Nichthundehaltern und auch bei vielen Hundehaltern zu blankem Entsetzen führen, wenn nicht gar zu Ekel. Für viele Nichthundehalter sind Hunde vor allem ein hygienisches Problem. Sie machen Dreck, sie sind unsauber, sie stinken, und dann noch diese Haare überall.

Und wie unfrei man mit einem Hund ist. Dass man dauernd rausmuss. Nie kannst du spontan irgendwohin. Man kann einen Hund ja nicht überall mitnehmen. Nein, danke.

Hundehalter verschonen Nichthundehalter häufig mit der nackten Wahrheit. Die sieht so aus, dass der Hund als Vorspüler tätig ist und die Teller in der Spülmaschine sauber schleckt, wenn er sie nicht ohnehin nach dem Essen auf den Boden gestellt bekommt. Oder er sitzt gleich mit am Tisch. Da muss man dann praktischerweise nichts unter den Tisch fallen lassen. Es gibt unglaubliche Dinge, doch viele davon werden niemals an die Öffentlichkeit gelangen, da sie Hundehalter auch ihresgleichen nicht anvertrauen, weil man es einfach nicht tut: Man lässt den Hund nicht ins Menschenbett, nicht in die Menschenbadewanne, und man schleckt ihm auch nicht übers Maul, um ihm zu signalisieren, dass man ihn ganz doll lieb hat. Ehrlich gesagt, will ich das alles auch nicht so genau wissen. Aber es wundert mich nicht – ist es doch nur logisch angesichts der Tatsache, dass viele Hunde zu Familienmitgliedern geworden sind.

Trotzdem ist der Hund kein Mensch und braucht eine hundliche Rückzugsmöglichkeit. Er hat hundliche Bedürfnisse, so gut er sich dem Menschen auch angepasst hat. Aber wir haben uns den Hunden ja auch angepasst. Hundebesitzer nehmen, gerade olfaktorisch, sehr viel in Kauf. Sie fahren im Auto mit einem Hund, der stinkt wie zehn tote Elche – man möchte nicht wissen, worin er sich gewälzt hat. Bei erfahrenen Hundehaltern stellt sich auch in Extremsituationen kein Würgereiz mehr ein. Man ist einiges gewohnt. Man ekelt sich immer weniger. Dafür ekeln sich vielleicht die Nichthundebesitzer vor einem. Ach, na ja, egal!

Wie konnte es nur so weit kommen? Ganz einfach: aus Liebe. Und das verschweigt man vor Nichthundehaltern, weil man nicht für so eine gehalten werden will, über die schlimme Witze kursieren. Zu den harmlosesten gehört noch die Sache mit dem Aussehen, die bis heute nicht geklärt werden konnte: Gleicht sich der Hund dem Frauchen oder Herrchen an – oder ist es umgekehrt?

Auch viele Hundehalter haben mit anderen Hundehaltern nichts am Hut. Denn die haben doch einen an der Waffel. Und außerdem kompensieren sie mit dem Hund so einiges, zum Beispiel dass sie einsam sind. Der Hund wird ihrer Meinung nach missbraucht, um ein Manko zu beseitigen. Kinderlosen wird unterstellt, der Hund gelte als Kind-Ersatz. Hundehalter, die bewusst auf Kinder verzichten, die nicht mal auf die Idee gekommen wären, Hund und Kind zu vergleichen, merken dann, dass sie jetzt doch eins haben – irgendwie. Ein »Kind light«.

Und so wie wir Kinder in Ruhe lassen müssen, sollten wir auch unseren Hunden Ruhezeiten gönnen, in denen sie keine menschlichen Bedürfnisse erfüllen müssen, in denen sie nicht zur Verfügung stehen, auch nicht zum Kuscheln. Es gibt Hunde, die legen keinen gesteigerten Wert auf körperliche Nähe zum Menschen. Die würden gar nicht auf die Idee kommen, in einem Menschenbett zu schlafen. Und aufs Sofa wollen sie auch nicht, zumindest, wenn es schon besetzt ist. Manche gucken dann regelrecht beleidigt aus der Wäsche. Das ist doch MEIN Sofa. Tatsächlich?

Die Sofafrage

»Darf der Hund aufs Sofa?« Diese Frage ist eine der beliebtesten beim Hundetraining. Vorneweg: Mit Erziehung hat das nichts zu tun – und man züchtet sich auch keinen Alphahund heran, wenn man ihn aufs Sofa lässt. Ich kenne Hundehalter, die dem Hund das Sofa von klein auf verboten haben, weil sie in Sorge waren, sie würden damit einem dominanten Verhalten Vorschub leisten. Als sie merkten, dass ihr Hund nicht dazu neigte, und sie ihm das Sofa erlaubten, wollte er da nicht mehr drauf. Schade, es kann sehr gemütlich sein auf dem Sofa mit Hund, ein warmer Hundekopf am Bein, ein anrührendes Schnorcheln, hin und wieder zuckt eine Pfote. So sieht das Glück für manche Menschen aus. Für andere wäre es eine Horrorvorstellung. Das schöne Sofa!

Kleiner Tipp: Man kann eine Decke unterlegen. Aber man muss nicht. Und das Sofa ist wirklich nur eine Option für diejenigen Hunde, die mit Privilegien gut umgehen können. Sobald der Hund aus der Sofa-Erlaubnis andere Zugeständnisse ableitet, muss er eben wieder runter. Wenn die Dog-Life-Balance stimmt und klar ist, wer führt, ist das keine große Sache. Genau genommen ist es sogar nur ein Wort: »Nein.« Jeder Mensch kann für sich entscheiden, ob er sein Sofa mit dem Hund teilen möchte. Es kommt nicht selten vor, dass der Hund dann zwei Drittel einnimmt und der Mensch ein Drittel. Trotzdem kann die Dog-Life-Balance stimmen.

Ich hatte schon darauf hingewiesen, dass der Hund an seinem Rückzugsort nicht gestört werden soll. Zählt das Sofa denn überhaupt dazu, wenn der Mensch mit dem Hund dort sitzt? Warum schlafen Hunde so tief und fest, während der Fernseher läuft? Wieso zucken sie nicht, wenn etwas herunterfällt oder die Menschen aufstehen? Gerade mal ein Auge geht auf, wenn überhaupt, so tiefenentspannt hat sich der Hund in das Sofa geschmiegt. Hunde können trotz ihres guten Gehörs sehr gut filtern und entspannen sich in einer bekannten Umgebung mit bekannten Geräuschen. Außerdem gibt es bei Hunden auch Persönlichkeiten, die so gern in der Nähe ihrer Menschen sind, dass es ihnen ziemlich egal ist, in welcher Geräuschkulisse sie sich aufhalten.

Früher wurde die Sofafrage vielerorts mit einem strikten »Nein« beantwortet: Hunde haben auf dem Sofa nichts zu suchen. Heute hat sich die Diskussion ins Bett verlagert. Dieser Wechsel ist nicht unberechtigt, bedenkt man, welche Bedeutung Hunde inzwischen für Menschen haben und welchen Platz sie innerhalb des Familienverbandes besetzen. Ist es nicht normal, dass Familienmitglieder im Bett schlafen? Ich kenne viele Hundehalter, denen würde das nicht im Traum einfallen – bei aller Liebe. Hunde schlafen vielleicht unruhig, und davon abgesehen neigen sie dazu, sich in Betten sehr breitzumachen.

In einer Studie wurde der Schlaf von Menschen überprüft, die Hunde im Bett schlafen lassen. Man fand heraus, dass die meisten von ihnen ohne Hund besser schliefen. Doch als man sie mit diesem Ergebnis konfrontierte und fragte, ob sie in Zukunft auf den Hund im Bett verzichten würden, sagten alle Nein.

Als Hundetrainerin beantworte ich die Bettfrage wie die Sofafrage: Man züchtet sich keinen Alphahund heran, indem man ihn im Bett oder auf dem Sofa schlafen lässt. Sollte sich der Hund allerdings verändern und sollte es eines Tages so weit kommen, dass er das Bett für sich allein beansprucht und Herrchen und Frauchen anknurrt, um ihnen einen Platz auf dem Vorleger zuzuweisen, besteht Handlungsbedarf.

Manchmal stellen Herrchen und Frauchen auch fest, dass

der Hund trotz des Verbots auf dem Sofa oder Bett gelegen hat. Er hinterlässt ja verräterische Spuren – Kuhlen, Haare. Oder man kommt nach Hause und merkt, dass es auf dem Sofa eine warme Stelle gibt, häufig genau dort, wo man selbst am liebsten sitzt. Der Hund hat sich dorthin gelegt, wo es am intensivsten nach Herrchen oder Frauchen duftet, weil ihm der vertraute Geruch ein Gefühl der Sicherheit und Behaglichkeit vermittelt. Und das ist doch die Voraussetzung für einen guten Schlaf. Man muss als Vierbeiner nur aufpassen, dass man rechtzeitig aufwacht und nicht erwischt wird. Denn es hat sich bei den Zweibeinern mittlerweile herumgesprochen, dass Erziehung nur wirkt, wenn das unerwünschte Verhalten in flagranti ertappt wurde.

Wenn Sie nicht möchten, dass der Hund während Ihrer Abwesenheit auf das Sofa springt, sollten Sie etwas Sperriges darauflegen. Ganz sicher können Sie aber nie sein, außer Sie schließen die Tür. In meiner Arbeit stelle ich gelegentlich eine Kamera auf, um zu sehen, was der Vierbeiner macht, wenn sein Mensch das Haus verlässt. Raten Sie mal. Kleiner Tipp: Sofa.

Kontaktliegen

Hunde schlafen besser, wenn sie sich in der Nähe ihres Rudels, ihrer Menschen oder sogar in unmittelbarem Kontakt mit ihnen befinden. Das hat man durch die Beobachtung ihrer Tiefschlafphasen herausgefunden. Es vermittelt ihnen Sicherheit und Geborgenheit. In der Fachsprache nennt man dieses Verhalten Kontaktliegen. Es wird schon von Welpen geschätzt, die sich gern an ein Geschwister kuscheln. Irgendwo berühren sich die Hundeleiber, ob am Po oder den Pfoten, ob sie sich halb aufeinanderlegen oder Köpfchen an Köpfchen.

So wird Wärme ausgetauscht und Oxytocin ausgeschüttet, das sogenannte Wohlfühlhormon. Das Kontaktliegen ist wichtig für die soziale Entwicklung der Welpen. Wenn ein Züchter aus Sorge, die Welpen könnten frieren, ein Rotlicht installiert, verhindert er das Kontaktliegen und stört einen wichtigen Entwicklungsprozess. Oxytocin ist ein Gegenspieler des Stresshormons Cortisol und spielt eine wichtige Rolle in der Stressregulierung des Körpers. Es fördert das Sozialverhalten und ist maßgeblich beteiligt an Bindungs- und Beziehungsprozessen.

Oxytocin wird auch ausgeschüttet, wenn Hunde mit Menschen kuscheln – und zwar bei beiden. Kuscheln ist gesund! Davon abgesehen stärkt es das Zusammengehörigkeitsgefühl und stellt ein wichtiges soziales Ritual in einer Gruppe dar. Man hat beobachtet, dass gerade jene Hunde im Rudel, die sich nahestehen, den Kontakt im Ruhen pflegen, oft Rücken an Rücken liegend. Fälschlicherweise wird oft behauptet, dass es sich beim Kontaktliegen um ein Dominanzverhalten handle. Das ist nicht richtig. Hunde, die sich nicht mögen, halten Abstand.

Manche Hunde halten auch Abstand zu ihren Menschen. Nehmen Sie das nicht persönlich! Es gibt Hunde, die diese Art von Nähe nicht schätzen; vielleicht ist es ihnen zu eng, zu warm. Es gibt ja auch Menschen, die sich in der körperlichen Distanz wohler fühlen und trotzdem ganz nahe, treue Freunde sind.

Ruherituale

Rituale sind Handlungen, die sich wiederholen, und zwar im selben Ablauf über einen langen Zeitraum. Im Zusammenleben mit Hunden sind Rituale wichtig, weil sie dem Hund Sicherheit und Vorhersehbarkeit gewähren, wie auch uns

Menschen. Und so wie man als Hundehalter Rituale etabliert, die den Hund motivieren, kann man auch Ruherituale einführen. Die meisten Hundehalter kennen Begrüßungsrituale. Morgens nach einer langen Nacht wird der Hund begrüßt. Oft sind es dieselben Abläufe, er bringt sein Stofftier, läuft einem durch die Beine, irgendwann schmeißt er sich auf den Rücken, eine Runde Bauchkraulen – dann springt er auf, schüttelt sich und ist bereit für den Tag. Und wir sind es auch.

Genauso wie das Hochfahren kann das Runterfahren ritualisiert werden. Der Hund kann lernen, sich auszuruhen. Zum Beispiel, indem man den Hund unaufgeregt über den ganzen Körper streichelt. Nicht klopfen, das wirkt anregend. Beim ruhigen Streicheln wird das »Kuschelhormon« Oxytocin ausgeschüttet. Dieses Streicheln über den ganzen Körper wird begleitet von einem Wort oder Satz in ruhiger Tonlage mit eher tiefer Stimme. Wenn man das von Anfang an mit seinem Hund übt, braucht man das Wort später nur zu sagen, und der Hund schläft innerhalb kürzester Zeit ein. Das nennt man Konditionierung, und man kann es auch mit einem älteren Hund einüben – am besten, wenn er schon müde ist. Setzen Sie sich zu ihm, streicheln Sie ihn über den ganzen Körper und sagen Sie mit beruhigender Stimme in entspanntem Tonfall etwas wie »Müde. Sooo müde«. Oder was auch immer Sie wollen. Wichtig ist nur, dass Sie beim nächsten Mal dieselben Worte wiederholen. Der Hund wird nicht gleich einschlafen, aber er wird sich entspannen. So können Sie ihn dann auch verlassen. Läuft er Ihnen nach, führen Sie ihn zurück und streicheln noch einmal und wiederholen Ihr Einschlaflied – es spricht übrigens nichts dagegen, dass Sie wirklich singen. Ich bin sicher, irgendwo gibt es eine Hundehalterin, die singt: »Schlaf, Hündchen schlaf…« Wenn der Hund daran gewöhnt ist, schläft er auch tagsüber schnell ein, und auch an verschiedenen Orten. Im Auto, im Restaurant – er hört, jetzt ist Zeit zum Schlafen.

Noch einfacher macht man es dem Hund, wenn man ihm an einem unbekannten Ort etwas Vertrautes unterlegt. Zu einem Besuch bei Freunden nimmt man ein Hundekissen oder das Hundehandtuch aus dem Auto mit. Es gibt natürlich auch noch etliche andere Varianten, selbst Hundereisebetten, die im Tierhandel erhältlich sind. Mit solchen Accessoires zeigt man dem Hund, dass es länger dauern wird und er es sich gemütlich machen kann. Er muss nicht ständig aufpassen, wann aufgebrochen wird. In einem Restaurant kann man zur Not schon mal seine Jacke auf den Boden legen, vor allem wenn er kalt ist. Wer sich das nicht traut, kann anderen, die komisch gucken, ja erklären, dass auf diese Art und Weise Tierarztkosten gespart werden.

Auch ein Betthupferl kann zum Ritual werden. Der Hund hört ein Kommando, zum Beispiel »Bettgehen«, bekommt ein Leckerli, und danach passiert nichts mehr. Übrigens wirken solche Rituale ansteckend: Der Mensch, der den Hund beruhigt, schüttet ebenfalls Oxytocin aus, entspannt sich und schläft gut.

Das Wunjo-Projekt

Auf dem Parkplatz des Seniorenheims hatte ich meinen Hund Wunjo gerade ins Auto geladen, da sprach mich eine Frau Anfang dreißig an. »Sie sind doch die Hundetrainerin, die immer mit ihrem Hund alte Leute besucht?«

»Ja«, bestätigte ich. Seit vielen Jahren gehe ich einmal in der Woche zum Hundebesuchsdienst in ein Seniorenheim. Eine Kundin, die in einem Seniorenheim arbeitete, hatte mich gefragt, was ich davon hielte, sie mit Wunjo an ihrem Arbeitsplatz zu besuchen. »Viele unserer Bewohner haben früher selbst Tiere gehabt. Sie würden sich bestimmt über Hundebesuch freuen. Es gibt Studien, die belegen, dass der Kontakt zum Tier die Kommunikationsbereitschaft und Mobilität fördert. Mal abgesehen von der guten Laune, die so ein Wesen mit Fell mitbringt.«

»Wir kommen gern vorbei«, hatte ich sofort zugesagt.

Nachdem ich im Laufe einiger Wochen erste Erfahrungen gesammelt hatte, schlug mir das Personal im Altenheim gezielt Bewohner vor: Menschen, von denen man wusste, dass sie Tiere lieben, oder solche, die gar keinen Besuch bekamen oder überhaupt nicht sprachen, so wie Frau Anzinger, die seit einem halben Jahr verstummt war. Ob Wunjo ihr ein Wort entlocken konnte? Als Frau Anzinger nach zehn Minuten »So ein schöner Kerl« sagte, mit einer Stimme, die rau klang, als würde sie an einem zerfaserten Seil aus den Tiefen einer Schürfgrube gezogen, brauchte ich meine ganze Beherrschung, um ruhig zu bleiben. Mit einem Gefühlsausbruch hätte ich die alte Dame erschreckt. Sie hatte doch nichts getan, außer die Wahrheit zu sagen. Seither habe ich unzählige berührende Situationen bei meinem Besuchsdienst erlebt, was natürlich auch an Wunjo liegt, der ein Pfötchen für Senioren hat. Mittlerweile ist er selbst schon einer, aber auch als junger Hund hatte er die nötige Ruhe weg. Wunjo findet unsere Besuche im Seniorenheim, wo sich alle über ihn freuen und er der Mittelpunkt ist, so toll, dass es ihm vom Parkplatz bis zum Heim gar nicht schnell genug gehen kann. So reagieren die meisten Therapiehunde, die dort Besuche machen, nachdem ich sie in meinem *Wunjo-Projekt* ausgebildet habe. Aus meinen Besuchsdiensten entstand nämlich die Idee, dass es mehr Mensch-Hund-Teams für diese schöne Aufgabe geben müsste – und nicht nur für Besuche in Seniorenheimen. Mit einer Kollegin entwickelte ich im Verlauf von zwei Jahren ein Konzept und gründete 2008 das Ausbildungszentrum *Wunjo-Projekt* für tiergestützte Therapie. Seither schule ich mit rund zehn weiteren Fachleuten aus verschiedenen Bereichen Mensch-Hund-Teams, die in Altenheimen, Kindergärten, Schulen und in der Psychiatrie eingesetzt werden.

Auf dem Lehrplan steht nicht nur der Umgang mit dem Hund in der Arbeit, sondern auch der Umgang mit den Klienten. Ein Besuchsdienst im Altenheim stellt andere Anforderungen als einer in der Psychiatrie. Referenten halten Vorträge zu verschiedenen Themen – vom Grundwissen über Demenz bis hin zu altersbedingten Krankheiten, eine Einführung in psychische Erkrankungen, über Kinder- und Jugendarbeit, den Umgang mit Aggression, Tierschutz in der Tiertherapie und vieles mehr. In mehreren Praktika wird das Mensch-Hund-Team fit gemacht – und findet heraus, wo es am besten arbeiten kann. Es gibt Hunde, die lieben das Seniorenheim, andere sind Stars im Kindergarten.

Als Besuchshund ist jeder Hund geeignet, der keine Schmerzen hat und freundlich im Umgang mit Menschen ist. Er muss nicht besonders kontaktfreudig sein, auch ein scheuer Hund kann wichtige Aufgaben in der tiergestützten Therapie übernehmen, solange fremde Menschen für ihn nicht bedrohlich wirken oder Stress auslösen. Ein Mensch, der selbst eher zurückhaltend oder schüchtern ist, wird nicht warm mit einem Wildfang, der auf ihn zustürmt. Es gibt für jeden Menschen einen Hund, der ihm so begegnet, wie es für diesen Menschen passt. Hunde spüren, was Menschen brauchen. Tiere bilden eine Brücke von Mensch zu Mensch. Es ist leichter, über den Hund zu sprechen, als mit einem Gesprächstherapeuten gewisse Themen zu bearbeiten oder ihm zu antworten, wenn er fragt: Wie geht es Ihnen? Der Hund stellt keine Fragen und erhält trotzdem Antworten. Ein Tier wertet nicht. Es beurteilt nicht, wie alt man ist, ob man gesund ist oder reich, dick oder dünn, groß oder klein. Es nimmt den Menschen, wie er ist. Und das spüren wir: Der Hund akzeptiert uns ohne Wenn und Aber. Alte oder kranke Menschen haben oft keine Möglichkeit, Fürsorge für andere zu zeigen. Sie sind es, die versorgt werden, gewaschen, womöglich sogar gewickelt. Doch anderen Lebewesen Fürsorge angedeihen zu lassen ist ein Grundbedürfnis des Menschen. Dazu braucht man kein eigenes Tier. Den Besuchshund zu streicheln, sich zu erkundigen, wie es ihm geht, oder zu warnen, dass er nicht zu viel gefüttert werden darf, hinterlässt das gute Gefühl: Ich habe mich gekümmert. Und natürlich ist die Berührung des Tieres sehr wichtig, denn auch hier haben viele alte und kranke Menschen ein Defizit. Sie werden zwar versorgt, aber eben nicht berührt. Körperkontakt dient in der Pflege allein der Hygiene. Anfassen, umarmen, streicheln, knuddeln – das alles ist mit dem Besuchshund möglich und macht das Herz froh. Und das wiederum hat Auswirkungen auf das Allgemeinbefinden. Positiver Kontakt mit Tieren bringt biochemische Veränderungen in Gang und verringert das Schmerzempfinden durch eine Freisetzung von Beta-Endorphinen. Blutdruck und Cortisolspiegel werden gesenkt, wenn man ein Tier streichelt. Wenn Wunjo zu Besuch war, haben seine »Patienten« danach oft ordentlich Appetit.

Die Hunde spüren genau, dass sie die wichtigsten »Personen« im Raum sind. Alle schauen sie an, sie werden gestreichelt, kriegen Leckerlis quasi für nichts. Das heißt allerdings nicht, dass es nicht anstrengend wäre. Nach zwei Besuchen sind die meisten Hunde erschöpft. Ich bin überzeugt, sie nehmen vieles wahr, was uns Menschen verborgen bleibt. Vor allem die Gefühle der Menschen und ihre Stimmungen.

Wer seinen Hund ohne Ausbildung in solche Einrichtungen mitnimmt, kann ihm schaden. Jeder möchte ihn gern sehen und streicheln... und weil der Mensch nicht unhöflich sein will und weil sich ja alle so freuen, wird der Hund schnell überfordert. Ich halte nichts von den Aufrufen, die ich schon öfter gelesen habe: »Haben Sie Zeit und einen Hund? Machen Sie Senioren glücklich und besuchen Sie die alten Menschen in unserem Wohnstift!« Ohne Vor- beziehungsweise Ausbildung kann das fatale Folgen für ein Mensch-Hund-Team haben. Auch das ist eine Schattenseite des Trends zum Leistungshund, der mittlerweile an immer mehr Orten ein Ehrenamt übernimmt. Leider wird er dabei nicht immer so beschützt, wie es nötig wäre. Und wenn das noch unter dem Vorzeichen der sozialen Wohltätigkeit geschieht, ist es doppelt tragisch. Wir können Hunde nicht nur mit zu viel Bewegung überfordern, sondern auch mit zu vielen Emotionen.

Gnadenknochen

Die Frau, die mich vor dem Seniorenheim ansprach, wollte keine Ausbildung mit ihrem Hund im *Wunjo-Projekt* machen, wie ich es im ersten Moment vermutet hatte. Ihr Anliegen war ein ganz anderes.

»Ich glaube, mein Hund muss auch ins Altersheim. Der wacht nur zur den Mahlzeiten auf. Eigentlich schläft er bloß noch.«

»Wie alt ist er denn?«, erkundigte ich mich.

»Zwölf Jahre. Er schläft bis zu dreiundzwanzig Stunden am Tag.«

»Oh, das ist aber wirklich sehr viel.«

»Er heißt Sascha«, sagte die Frau und klappte vor meinen Augen ihr Portemonnaie auf. Ein schwarzer Pudel grinste von einem Ohr zum anderen in die Kamera.

»Hat er noch immer so eine gute Figur?«, erkundigte ich mich, denn Übergewicht macht auch Hunde träge.

»Ja.«

»Dann lassen Sie doch mal beim Tierarzt seine Schilddrüse untersuchen«, riet ich ihr. Je nach Vorgeschichte kann ein Hund anfällig für eine Stoffwechselerkrankung sein. Niedrige Schilddrüsenwerte können sich in Schlappheit, Trägheit, Müdigkeit zeigen. Das Fell wird matt, manchmal ist den Hunden auch übel oder sie sind schlecht gelaunt. In der Folge kommt der Kreislauf nicht mehr in Schwung.

Aber Vorsicht, es können auch genau gegenteilige Syptome auftreten: Nervosität, Unruhe und Schlaflosigkeit.

Ältere Hunde können aber auch lange schlafen, weil sie schlecht hören und durch Außenreize nicht mehr aufwachen. Davon abgesehen ziehen sich ältere Hunde, wie ältere Menschen, manchmal auch einfach zurück. Sie können sogar an einer Demenz erkranken.

Die Frau erzählte mir, dass sie ihren Sascha vor vier Jahren aus dem Tierheim geholt hatte. Alle Achtung; leider schrecken viele Menschen davor zurück, einen älteren Hund zu sich zu nehmen, besonders wenn er über zehn Jahre alt ist. Sie haben Angst vor hohen Tierarztkosten oder davor, dass der Hund stur ist.

Alte Hunde im Tierheim haben oft ihre Besitzer durch Tod verloren, manche hören oder sehen schlecht. Für sie wäre es besonders wichtig, einen schönen Lebensabend zu verbringen, an einem Ort, wo sie einfach gemocht werden. Ein alter Hund hat es sehr schwer im Tierheim, er wird sich in einem Rudel nicht durchsetzen können und ist oft isoliert und deprimiert. Aber ein solcher Senior bietet viele Vorteile: Er muss in der Regel nicht mehr erzogen werden, er braucht auch keine stundenlangen Spaziergänge und hat meistens keine hohen Ansprüche – oft reicht ein Garten mit ein bisschen Spiel und

Gesellschaft. Und natürlich eine Bezugsperson. Gerade alte Hunde können sehr anhänglich und lieb sein, und die Menschen, die alte Hunde aus dem Tierheim geholt haben, erzählen von berührenden Momenten. Besonders wenn man selbst alt ist und nicht mehr so viel Energie hat. Dann kann ein vierbeiniger Senior, dem man einen schönen Lebensabend schenkt, eine große Bereicherung sein. Für beide.

Bewegung:
Hunde sind keine Sportgeräte

Die meisten Menschen verstehen unter Bewegung mit dem Hund Gassi gehen. Das ist auch der Grund, warum manche Leute auf keinen Fall einen Hund halten wollen: weil man da bei Wind und Wetter rausmuss. Sie haben wahrscheinlich noch nie von Hunden gehört, die bei Regen einen skeptischen Blick durch die Haustür werfen, die Rute einklemmen und deutlich signalisieren, dass ein Außen-Event *bei diesem Wetter* völlig ausgeschlossen sei. Sie müssen dann einfach mal zwölf Stunden nicht, während sie bei Sonnenschein und angenehmen Temperaturen vermitteln, gleich zu platzen, sollten sie nicht sofort hinausdürfen.

Für manche Hundebesitzer ist der Vierbeiner eine klug gewählte Selbstaustricks-Taktik, um jeden Tag frische Luft zu schnappen. Studien zeigen, dass sie sich damit etwas Gutes tun. Wer regelmäßig Gassi geht, lebt gesünder. Das Zusammensein mit einem Hund führt häufig zu einer Senkung des Blutdrucks und zu einer stabileren psychischen Verfassung. Es entspannt das Gemüt insgesamt – kein Wunder, denkt man an die Oxytocin-Ausschüttung, von der ja auch der Mensch profitiert, der seinen Hund krault.

Ja, es stimmt, wer einen Hund hält, muss raus. Aber leider haben zahlreiche Hundehalter eine falsche Vorstellung von der Bedeutung der Bewegung in einem Hundeleben. Sie glauben, je mehr Bewegung der Hund habe, desto besser. Damit befinden sie sich im Irrtum. Wenn ich in der Anamnese mit einem Neukunden höre, dass sein Hund täglich vier Stunden läuft, und dabei womöglich noch Beifall heischend angeblickt werde, brandet bei mir kein Applaus auf, es läuten die Alarmglocken. Ein erwachsener Hund unter normalen Bedingungen ohne gesundheitliche Einschränkungen würde maximal zwei Stunden freiwillig laufen. Bewegung ist nur *ein* Baustein des Hundealltags, in dem es noch andere Erlebnisphasen gibt: Erkunden, Patrouillieren, Beobachten, Ruhen, Spielen und einiges mehr. Trotzdem hält sich hartnäckig das Gerücht, dass ein glückliches Hundeleben nur mit viel Bewegung gewährleistet sei – und das des Hundehalters ebenfalls, weil ein ordentlich bewegter Hund abends rechtschaffen müde sei. In Zeiten, in denen Menschen immer weniger Muße für die Familie und ihre Hobbys haben, wollen manche Hundehalter den Hund schlichtweg müde kriegen. Schade, wenn es so weit kommt. Müdekriegen verarmt die Mensch-Hund-Beziehung, und wenn es allein darum geht, wird der Mensch auch nur einen Bruchteil jener Bereicherung erfahren, die ein Hund schenken kann.

Laufen stellt für den gesunden Hund keine Anstrengung dar, vor allem wenn er trabt: Das kann er stundenlang locker und geradezu mühelos. Er stammt schließlich von den Wölfen ab, und die laufen bis zu fünfzig Kilometer täglich; im Spurt können sie Geschwindigkeiten bis zu 60 km/h erreichen. Aber macht das auch glücklich? Nein, nicht dauerhaft. Zwar wird der Hund, der sich viel bewegt, körperlich müde sein, doch noch nicht zufrieden. Genau genommen sind auch Wölfe keine Sportskanonen – die meiste Zeit liegen sie herum und brechen nur auf, wenn es unbedingt sein muss.

Wir Menschen kennen auch verschiedene Arten von Müdigkeit. Es ist ein Unterschied, ob man den ganzen Tag Pflastersteine geschleppt oder sich mit der Einkommensteuer herumgeschlagen hat oder ob man eine Stunde konzentriert eine Fremdsprache gelernt hat. Jede dieser Aktivitäten macht müde. Aber immer nur Steine schleppen oder Einkommensteuer frustriert, außer man ist Steuerberaterin und hört bei der Abrechnung der fremden die eigene Kasse klingeln. Ja, man kann Hunde allein mit körperlicher Bewegung müde kriegen, aber in der Regel werden Herrchen und Frauchen lange vor dem Hund aufgeben. Und es ist keine Lösung für jeden Tag. Wer eine gute Dog-Life-Balance gestalten möchte, tritt nicht mit der Absicht an, den Hund müde zu machen. Die bessere Formulierung wäre es, ihn zufrieden zu machen – und dazu gehört deutlich mehr als Bewegung. Oder wie würde es Ihnen gehen mit lebenslänglichem Steineschleppen?

Hunde brauchen Bein- und Kopfarbeit

Laufen allein erfüllt also niemals alle Bedürfnisse des Hundes, wenngleich Bewegung enorm wichtig für den Hund ist – auch für seine Entspannung. Bei der Bewegung lösen sich, wie in der Ruhe, Spannungszustände. Stresshormone werden abgebaut. Ähnlich wie bei Menschen, die sich nach einem anstrengenden Tag in der Arbeit erst entspannt fühlen, wenn sie joggen waren. Aber Bewegung allein führt auch beim Menschen nicht zu einem Rundum-Wohlgefühl. Wer es übertreibt, ist erschöpft. Die angenehme Zufriedenheit der Dog-Life-Balance sieht anders aus – beim Menschen und auch beim Hund.

Wer also möchte, dass sich sein Hund mit einem zufriedenen Grunzen in seinem Korb zusammenrollt, weil er verschiedene Facetten des Hunde-Erlebens erfahren hat, muss mehr leisten, als nur Gassi zu gehen. Ein Hund benötigt zusätzlich Kopfarbeit, und zwar artgerecht. Ein Jack Russell hat andere Fähigkeiten als ein Rottweiler. Bewegung ist ein Grundbedürfnis, aber auch das Gehirn will bewegt werden.

Der vierbeinige Sportkamerad

»Irgendwas stimmt nicht mit dem Jimmi«, sagte Frau Krüger, eine drahtige Mittdreißigerin mit blonder Kurzhaarfrisur. »Er ist auf einmal so desinteressiert, geradezu wesensverändert. Ich war schon beim Tierarzt, aber der hat nichts feststellen können.«

Ich schaute mir den dreijährigen Galgo an, einen spanischen Laufhund. Ja, er wirkte ein wenig neben der Spur. Nicht einmal mein Klingeln an der Haustür hatte ein Bellen provoziert, wie man es von einem Hund erwarten könnte. Dieser hier interessierte sich nicht die Bohne für mich, auch jetzt nicht, wo ich mit Frau Krüger an einem Tisch im Garten saß und er mich hätte beschnuppern können. Der Garten war sehr groß, stellenweise verwildert, und in seiner Mitte stand ein kleines, gemütlich wirkendes Holzhaus. Frau Krüger teilte ihr Zuhause seit einem Jahr mit Jimmi, der von spanischen Tierschützern kam.

Galgos sind laufstarke Jagdhunde, sie gehören zu den Windhunden und jagen alles, was sich schnell bewegt. Frau Krüger wusste sehr viel über diese Rasse und wollte Jimmi artgerecht halten. Bewusst hatte sie sich für einen bewegungsfreudigen Hund entschieden, weil sie selbst auch ziemlich sportlich war und das gut mit ihrem Alltag verbinden konnte.

Als Ladenbesitzerin mit einer Angestellten konnte sie ihre Zeit selbstbestimmt einteilen. Auch im Laden hatte Jimmi sich verändert, erfuhr ich. Er war unruhig, taperte hin und her, störte die Kunden, fand keine Ruhe.

Ich fragte Frau Krüger nach ihrem Alltag.

»Ich stehe sehr früh auf, meistens so gegen sechs, dann joggen wir eine Stunde.«

»Läuft Jimmi frei?«

»O nein, das würde nicht funktionieren. Ein Galgo ist ja schneller weg, als man schauen kann, sobald er was Interessantes entdeckt. Und mal unter uns…« Sie schmunzelte. »Interessante Sachen gibt es überall. Ich binde mir den Jimmi an einer langen Leine um den Bauch. Wir sind ziemlich flott unterwegs, muss ich sagen, also im Gegensatz zu früher, als ich ohne Jimmi joggte. Er ist ein anspruchsvoller Trainingspartner; seit ich mit ihm laufe, bin ich deutlich schneller unterwegs. Zu Hause frühstücken wir, dann fahre ich mit dem Fahrrad ins Geschäft. Jimmi läuft nebenher, dazu habe ich hinten am Rad eine Vorrichtung, wo ich ihn anbinden kann.«

»Wie weit ist es ins Geschäft?«

»Zwanzig Minuten ungefähr. Im Laden hat Jimmi Pause bis halb eins. Früher hat er viel geschlafen, jetzt tapst er ruhelos durch den Laden, das macht mich ganz nervös. Mittags gehen wir für eine knappe Stunde in einen Park in der Nähe. Leider wuseln dort sehr viele Eichhörnchen herum, sodass ich ihn an der Leine lassen muss. Um fünfzehn Uhr wird er vom Gassi-Service für eine Stunde in einer Hundegruppe geholt. Auf einem eingezäunten Platz können sie da spielen. Ja, und dann ist auch schon bald Feierabend. Um achtzehn Uhr fahren wir mit dem Rad nach Hause. Jimmi bekommt sein Essen, und bevor ich ins Bett gehe, meistens so gegen zehn, joggen wir noch mal dreißig Minuten oder ich spiele ein bisschen

Ball mit ihm im Garten. Nach seinem Leuchtball ist er ganz verrückt. Er will ihn immer und immer wieder geworfen bekommen.«

»Ein Galgo, der apportiert? Das ist selten«, wunderte ich mich.

»Ja«, nickte Frau Krüger stolz. »Das habe ich ihm beigebracht, weil ich nicht jeden Abend joggen will. Früher hat der Jimmi danach noch gern mit mir gekuschelt, er hat sich eng an mich gedrückt, wenn ich ferngesehen habe. Aber auch das hat aufgehört. Es kommt mir so vor, als wollte er gar keinen Kontakt mehr zu mir.« Frau Krügers Stimme klang belegt.

»Jimmi ist also immer an der Leine draußen und nur im Garten frei?«, vergewisserte ich mich.

»Ja. Anders geht es nicht.« Auf einmal brach Frau Krüger in Tränen aus. »Ich weiß, dass das schrecklich ist. Aber was soll ich denn machen? Ich will doch nicht, dass er überfahren wird! Ein einziges Mal habe ich ihn frei laufen lassen, vor etwa zwei Monaten. Ich wollte es einfach mal ausprobieren. Aber es war…es war…ganz anders, als ich es erwartet habe.« Sie schluchzte. »Er war völlig hilflos. Er hatte überhaupt keine Orientierung, rannte im Kreis…nein, das war kein schöner Anblick. Ich habe ihn dann schnell wieder angeleint, bevor er weglaufen konnte.«

Ich beruhigte Frau Krüger, die offensichtlich mit ihren Nerven am Ende war, was sicher zu Jimmis Gemütsverfassung beitrug. Dann erklärte ich ihr, dass es normal ist, dass ein Hund, der immer an der Leine läuft, ohne Leine anfänglich Orientierungsprobleme zeigt. Jimmi war daran gewöhnt, sein Frauchen hinter sich zu wissen. Das bedeutete nicht nur eine Einschränkung, sondern auch eine Erleichterung. Jimmi brauchte keine Entscheidungen zu treffen, ob links oder rechts, wie schnell, anhalten – darüber bestimmte Frau Krüger. Aber nicht mehr lange. Denn ich hatte einen Plan. Als Erstes erklärte ich Frau Krüger Sinn und Zweck einer Schleppleine, die für viele Zwei- und Vierbeiner ein regelrechter Segen ist.

Leine los!

Mit einer zehn Meter langen Schleppleine zeigte ich Frau Krüger im Garten, wie sie Jimmi an die Freiheit heranführen sollte. Im ersten Schritt sollte sie die Leine noch in der Hand halten und Rückrufübungen machen. Jimmi folgte brav jedem ihrer Rufe. Ich konnte deutlich erkennen, wie das Vertrauen bei Frau Krüger wuchs. Sie strahlte geradezu.

»Wenn Jimmi auf Ihr Kommando *Hier* nicht zu Ihnen läuft, können Sie ihm mit der Leine Hilfestellung geben.«

Frau Krüger nickte mehrmals. Sie wirkte selbst ein bisschen wie von der Leine gelassen. Wir besprachen, dass sie den Umgang mit der Schleppleine täglich üben sollte. Wenn sie sich damit sicher fühlte, sollte sie es wagen, die Leine fallen zu lassen.

»Puh«, machte Frau Krüger.

»Sie haben eine zehn Meter lange Chance, auf die Sie draufsteigen können, um Jimmi aufzuhalten«, sprach ich ihr Mut zu. »Sie müssen aber natürlich sehr aufmerksam sein.«

»Das kriege ich hin«, sagte sie.

Ich erklärte Frau Krüger noch, wie sie Richtungswechsel im Gelände machen sollte, damit Jimmi in Kontakt mit ihr blieb und nach ihr schaute. Um seine Aufmerksamkeit zu steigern, sollte sie das Ende der Leine in der Hand halten und die Richtung wechseln, kurz bevor die Leine gespannt war. Sobald Jimmi ihr folgte, sollte sie ihn nach dem Zufallsprinzip entweder loben, gar nichts sagen oder ihn heranrufen, dabei allerdings rückwärtsgehen und ihn anfeuern, zu ihr zu kommen. Wenn Jimmi bei ihr wäre, sollte er mit einem Leckerli belohnt werden. So würde er ein Gefühl dafür entwickeln, welchen Radius er einhalten sollte, und könnte lernen, dass es nicht immer in eine Richtung geht. Frauchen konnte jederzeit die Richtung wechseln, er musste gut achtgeben, um nichts zu verpassen, er musste Frauchen im Blick behalten. Wenn das gut klappte, sollte Frau Krüger die Schleppleine fallen lassen und das Ganze wiederholen. Für den Anfang sollte sie bei einer Vierzig-Minuten-Runde circa achtzigmal die Richtung wechseln – in einer Gegend, in der sie sicher war, dass der Hund nicht davonlief, also in einer für den Hund reizarmen Umgebung.

Wir nahmen wieder Platz auf den Gartenmöbeln, und Frau Krüger schrieb gewissenhaft meine weiteren Vorschläge mit. Da das Experiment mit der Schleppleine so gut geklappt hatte, wagte ich es, ohne Umschweife zum entscheidenden Punkt zu kommen. Jimmis Gassipensum musste dringend begrenzt werden. Aus Erfahrung weiß ich, dass sportbegeisterte Menschen dafür oft kein Verständnis haben. Sie haben sich den Hund angeschafft, um mit ihm zu joggen – und jetzt will ich ihnen das verbieten? Da beiße ich gelegentlich auf Granit. Meine Meinung ist, dass der Wunsch eines Menschen nach Leistungssport nicht automatisch auf den Hund übertragen werden darf und dass man Kompromisse finden kann: Der Hund läuft nur die kleine Runde mit oder dreimal in der Woche, nicht jeden Tag. Diesbezüglich habe ich schon schreckliche Sachen gesehen. Zum Beispiel einen Bernhardiner, der über weite Strecken neben dem Fahrrad herlaufen sollte – auch mittags im Sommer. Manchmal wundere ich mich, wie wenig Hundehalter über die rassetypischen Vorlieben und Möglichkeiten ihrer Gefährten wissen. Frau Krüger war in dieser Hinsicht mustergültig. Was die von Galgo betraf, war sie sattelfest. Ich wusste nicht, wie hoch der Stellenwert ihres Sportprogramms für sie war. Aber Jimmis Stellenwert in ihrem Leben war auf jeden Fall hoch, und das stimmte mich zuversichtlich. So erklärte ich Frau Krüger, dass Jimmi auch als lauffreudiger Galgo weitere Bedürfnisse hatte, die in seinem jetzigen Alltag nicht erfüllt wurden. Es gab für ihn, so wie sie es mir geschildert hatte, nur Laufen an der Leine mit Frauchen, den Gassi-Service und Ballspielen. Das ist zu wenig, um das Gemüt eines Hundes auszugleichen, und aus diesem Grund war Jimmi immer nervöser geworden.

Ich erklärte: »Ein Hund braucht Zeit zum Schnuppern. Er will in seinem Tempo, mal schneller, mal langsamer, die Nachrichten lesen, die am Wegrand aufploppen. Wer war da, was war los? Er will sich mit anderen Hunden austauschen, ob über Markierungen oder auch persönlich, indem er Sozialkontakte pflegt.«

»Aber beim Gassi-Service trifft er doch andere Hunde!«, unterbrach Frau Krüger mich.

»Sie haben gesagt, die rennen auf dem Platz rum, das ist nicht das, was ich meine. Oder haben wir Menschen auch nur beim Rennen und Toben Kontakt zueinander?«

Frau Krüger schmunzelte.

»Ich glaube, dass Jimmi sich langweilt«, fuhr ich fort. »Er hat zwar eine hervorragende Kondition, aber er erlebt zu wenig. Und deswegen wirkt er passiv und unruhig zugleich. Die Unruhe ist eine Folge seines Trainings. Er wird viel bewegt, aber es gibt zu wenig Abwechslung, zu wenig Inhalt. Es ist, als würde ein Mensch in einer Halle stundenlang im Kreis laufen. Jimmi braucht mehr Anreize. Gewiss, hier im Garten ist er zwar frei, aber wahrscheinlich kennt er jeden Grashalm mit Vor- und Nachnamen.«

Frau Krüger betrachtete Jimmi nachdenklich. »Und was schlagen Sie vor?«

Ich fing klein an. »Könnten Sie sich vorstellen, auf das Joggen und Ballspielen am Abend zu verzichten?«

Sie riss die Augen auf. »Kein Joggen mehr am Abend?«

»Ja«, sagte ich vorsichtig.

Da überraschte sie mich. »Das wäre wunderbar!«

Jetzt schaute ich wahrscheinlich ein wenig verdutzt aus der Wäsche. Frau Krüger gestand mir: »Sie ahnen ja nicht, wie sehr ich mich dazu überwinden muss, abends noch mal rauszugehen, denn ich bin ehrlich gesagt immer ganz schön geschafft und würde am liebsten auf dem Sofa bleiben und Jimmi nur noch mal schnell in den Garten pinkeln lassen.«

»Es kann gut sein, dass das ganz in seinem Sinne ist«, entgegnete ich. »Allerdings wird er die Abendaktivität erst einmal vermissen, er ist ja daran gewöhnt. Seien Sie also geduldig mit ihm bei der Umstellung.«

Wir besprachen des Weiteren, dass Frau Krüger das Joggen mit Jimmi auf dreimal in der Woche reduzieren sollte.

»Da bin ich mal gespannt, ob ich mich ohne meinen starken Laufpartner überhaupt aufraffen kann«, behauptete sie.

»Ja, das wird spannend«, sagte ich und hatte nicht den geringsten Zweifel, dass dieses Mensch-Hund-Team zu einer guten Dog-Life-Balance finden würde.

Wie viel Bewegung ist für den Hund gesund?

Am meisten Energie verbraucht unser Gehirn. Richtig schön angenehm und rundum müde werden wir nur, wenn wir körperlich und geistig arbeiten – uns also konzentrieren, jeder mit den Aufgaben, die ihn fordern. Und genauso ist es beim Hund. Ist das nicht eine wunderbare Nachricht für alle, die ihren Hund müde kriegen wollen? Sie müssen deutlich weniger Zeit aufwenden, wenn Sie ihn nicht nur bewegen, sondern auch beschäftigen – wenn er während des Gassis und über den Tag verteilt kleinere und größere Herausforderungen meistert und seine hundlichen Bedürfnisse befriedigen kann.

Als Faustregel gilt, dass sich der Hund bei fünf Minuten starker Konzentration so sehr anstrengt wie bei einer Viertelstunde Gassigehen. Am besten, man verbindet beides und lässt genug Raum zum Schnüffeln und zur Revierkontrolle, zum Rennen und Buddeln oder was auch immer das Hundeherz begehrt und Sie als Halter erlauben. So laufen Sie auch nicht Gefahr, das Bewegungspensum Ihres Hundes stetig zu erhöhen, in der Hoffnung, ihn irgendwann müde zu kriegen. Am Ende sind Sie selbst müde, weil für uns Menschen Bewegung in der Regel mehr Anstrengung bedeutet als für Hunde.

Ein trainierter Hund möchte immer mehr trainieren, weil ihm die körperliche Auslastung ein gutes Gefühl vermittelt. Aber Vorsicht – nur bis zu einem gewissen Punkt. Wenn dieser überschritten ist, kippt die Dog-Life-Balance: Sie verlieren den guten Kontakt zu Ihrem Hund, und Ihr Hund büßt Wahlmöglichkeiten und Lebensqualität ein. Davon abgesehen kann er durch einseitige Belastung psychisch krank werden – sogar neurotisch oder depressiv, was sich in Verhaltensauffälligkeiten äußern kann. Denn die Hormone in seinem Körper spielen verrückt: Bewegung wird dann zum Stress, wenn der Hund nicht genug Zeit zum Regenerieren hat. Stellen Sie sich vor, Sie haben einen sehr stressigen Job und über einen längeren Zeitraum Schlafmangel. Sie werden immer gereizter und nervöser. Es geht Ihnen an die Substanz und an die Gesundheit. Genauso ist es beim gestressten Hund. Der Pegel der Anspannung ist permanent hoch. Der Körper muss an seine Reserven, um die Dauerbelastung zu kompensieren. Das zieht häufig gesundheitliche Beeinträchtigungen nach sich: Magen-Darm-Erkrankungen, Futterunverträglichkeiten, Hautprobleme, Parasitenanfälligkeit – weil das Immunsystem geschwächt ist. Mit seiner beeindruckenden Fähigkeit zur Anpassung kann ein Hund mit einer Stunde Gassi am Tag oder mit fünf Stunden zufrieden sein – abhängig davon, was er sonst noch erlebt. Manche Hunde sind täglich nicht einmal eine Stunde draußen. Trotzdem können sie sich wohlfühlen. Das hängt von weiteren Faktoren ab, nicht zuletzt vom Alter des Hundes. Ich würde allerdings eine Stunde an der frischen Luft für das absolute Minimum halten, wenn der Hund an keiner Einschränkung leidet. Und bei diesem Minimum sollte man auch nur vorübergehend bleiben. Eine Stunde Gassi täglich auf Dauer ist zu wenig für einen Hund!

Es gibt Hundehalter, die haben irgendwann festgelegt, wie lange ihr Hund Gassi gehen sollte – angenommen eineinhalb Stunden täglich. Und die ziehen sie durch, auch wenn sie vierzig Grad Fieber haben. Dabei würde sich der Hund Herrchens Grippe durchaus anpassen und eine Weile mehr schlafen. Hunde benötigen ihrer Natur nach keinen akkuraten Zeitplan, auch wenn manche Hundebesitzer das glauben. Tiere gewöhnen sich allerdings an feste Fütterungszeiten und an Rituale, die an feste Tageszeiten gekoppelt sind. Wenn ein Hund jeden Morgen um sieben Uhr Gassi geht, danach um zwölf und um sechzehn Uhr, um Punkt siebzehn Uhr gefüttert wird, dann versteht er die Welt nicht mehr, wenn diese Zeiten plötzlich ohne die Höhepunkte des Tages verstreichen. Er bekommt Stress. Schließlich kennt seine innere Uhr den Zeitplan auf die Minute genau. Im Großen und Ganzen sind Hunde flexibel, und als Mensch braucht man kein schlechtes Gewissen zu haben, wenn etwas mal aus der Rute, sprich: dem Ruder läuft. Mal hat man mehr, mal weniger Zeit für den Hund. Der kann gut damit umgehen, je nach Rasse ein bisschen besser oder schlechter.

Lauffreudigen Hunden wie Dalmatiner, Whippet oder Irish Setter fällt das Stillhalten etwas schwerer als einem Mops oder einer Bulldogge. Letztere wollen auch beim Gassi weniger

Strecke machen, sondern interessieren sich eher für die gesellschaftlichen Events und schnuppern hoch konzentriert in ihrem Revier herum. Wenn der Mops dann auch noch sein Gesicht in Falten legt, könnte man glatt meinen, er werte die gesammelten Informationen aus. Da zischt ein langbeiniger Galgo vorbei. Nein, für dieses Gerenne hat der Mops kein Verständnis und auch den falschen Körperbau mit seinen kurzen Beinen und Atemwegen. Und selbst der Dalmatiner ist irgendwann genug gerannt und widmet sich dann den Duftmarken seiner Artgenossen, wenngleich sich sein Gesicht dabei weniger faltet.

Hundesitter

Wenn Hundehalter in guter Absicht glauben, stundenlanges Gassigehen sei ein Grundbedürfnis des Hundes, geraten sie oft selbst in ein Stresskarussell. Wie soll man so etwas schaffen, wo die meisten Menschen ohnehin unter Zeitmangel leiden? Zum Glück gibt es den Hunde-Gassi-Service. Wer es sich leisten kann, bezahlt in München schon mal dreißig Euro für zwei Stunden Betreuung. Da laufen die Hunde dann meistens in einer Gruppe, spielen, toben und bekommen viel Bewegung, während ihre Frauchen und Herrchen das Geld für diesen Service verdienen und ein gutes Gewissen haben, weil es den Hunden gut geht.

Aber geht es ihnen tatsächlich gut? Das ist nur mit Blick auf den Einzelfall zu beantworten. Denn der Hund ist ja kein Roboter im Test, der eine bestimmte Anzahl Kilometer pro Tag laufen muss. Ein Hund ist Teil eines Hund-Mensch Teams und absolviert seine Kilometer am liebsten in Gesellschaft seiner Bezugsperson. Der Hund läuft voraus, er dreht sich um, er läuft zurück, bekommt vielleicht ein Leckerchen zugeworfen oder zeigt, wie toll er bei Fuß gehen kann; er trifft andere Hunde, schnuppert, dann versenkt er sich in einen Duft an einem Laternenpfahl. Da ruft Frauchen, jetzt aber schnell … So wird der Spaziergang zum gemeinsamen Erlebnis, in das spielerisch kleine und größere Herausforderungen eingebaut werden können. Sie machen das Gassigehen erst zu dem, was es ist: eine wunderschöne gemeinsame Zeit im Jetzt. Wer den Gassi-Service zu oft bucht, verpasst dieses Highlight – auch wenn es aus allerbesten Absichten geschehen mag.

Könnte man den Hund fragen, was ihm lieber wäre, würde er in vielen Fällen wohl antworten, dass er gern bei seinen Bezugspersonen bleiben möchte, auch wenn es dort weniger Bewegung gibt. Kurioserweise stufen viele Hundehalter die Bedürfnisse ihrer Gefährten anders ein. Sie glauben, dem Hund liege vor allem an der Bewegung. Wer diesen Irrglauben in die Realität umsetzt, hat eines Tages tatsächlich einen Hund, dem vor allem an der Bewegung liegt – weil er wenig anderes kennt.

Als Hundehalter sollte man sich immer wieder des Stellenwerts bewusst werden, den der Hund einnimmt. Das bedeutet, nicht zu vergessen, dass er ein Lebewesen ist. Man steht in einer Beziehung, die sich dynamisch verändern kann – je nachdem, wie viel man selbst geben möchte, zum Beispiel Zeit. Und Empathie. Wie viel Kontakt ist möglich zwischen Mensch und Hund, wenn der Mensch mit einer *Damenrunde* unterwegs ist oder sich mit anderen Hundehaltern verabredet? Die Hunde laufen mit und bleiben sich selbst überlassen. Hin und wieder ruft jemand: »Nein! Aus!«

Ich rate jedem Hundehalter, regelmäßig allein mit dem Hund zu gehen – auch das ist wichtig für die Dog-Life-Balance. Und es tut nicht nur dem Hund gut, sondern auch dem Menschen: Gerade in diesen Momenten kommt zum Vorschein, weshalb sich viele Menschen einen Hund wünschen: Mein

Hund und ich streunen durch den Wald. Mein Hund und ich sitzen vorne auf dem Steg und blicken übers Wasser. Mein Hund und ich rennen über eine Wiese. Solche Erlebnisse sind Ruhepole im hektischen Alltag. Der Hund ist eine vierbeinige Einladung, das Leben in der Natur zu genießen, aufzutanken. Es liegt an uns, ob wir sie annehmen.

Wie eingangs erwähnt, denken die meisten Menschen bei Hund an Gassi – und so ist die Bewegung im Freien auch der beste Weg, den Hund zu beschäftigen und mit ihm eine gute Beziehung aufzubauen. Die fünf Grundbedürfnisse des Hundes, wozu Bewegung, Beschäftigung und Beziehung gehören, sorgen in einem ausgewogenen Verhältnis für die gute Dog-Life-Balance.

Manchmal hat man keine andere Wahl, als den Hund einem Gassi-Service anzuvertrauen, zumindest werktags. Dann sollte man den Service sorgfältig auswählen. Vor allem, wenn Hunde von unterschiedlicher Rasse, unterschiedlichem Alter und Temperament in einer Gruppe laufen, ist es wichtig, dass die Gassigeher genügend Hunde-Erfahrung haben, um zum Beispiel Mobbing zu unterbinden. Sie müssen über die rassebedingten Unterschiede Bescheid wissen, damit die Hunde weder über- noch unterfordert werden. Für sehr sensible Hunde sind Gruppenspaziergänge mit vielen Artgenossen keine tolle Tour, sondern eine Tortur. So wie es Menschen gibt, die sich in Gesellschaft unwohl fühlen, geht es auch manchen Hunden. Das sollte man als Halter wissen und die Persönlichkeit seines Hundes respektieren, anstatt zu glauben, er müsse nur oft genug in einer Gruppe mitlaufen, dann würde das schon werden. Ist der Hund nur schüchtern und braucht Zeit, Vertrauen zu gewinnen, dann mag das so sein. Doch wenn er dauerhaft überfordert wird, kann man sich eine Verhaltensstörung heranzüchten.

Die Frage muss erlaubt sein, warum man sich das Tier überhaupt angeschafft hat. Wie sahen sie aus, die Erwartungen und Träume? Und was spricht dagegen, sie in die Realität umzusetzen? Der Hund ist doch da. Oft mangelt es vor allem an der Durchsetzungskraft gegenüber dem eigenen inneren Schweinehund. Den aber sollte ein Hundehalter in den Griff bekommen, denn ein Schweinehund ist ja auch ein Vierbeiner. Zur Not nimmt man den Schweinehund einfach mit auf die Gassirunde.

Hilfreich ist es, sich an die guten Vorsätze zu erinnern, die auch Hundebesitzer kennen. Mehr Zeit mit dem Hund verbringen, mehr spielen, sich ihm mehr zuwenden, trainieren. Oder der gute Vorsatz, wenn man dann schon mal draußen ist, auch wirklich wahrzunehmen, was um einen herum geschieht, anstatt sich in erster Linie mit dem Smartphone zu beschäftigen. Ich beobachte oft, dass Hundehalter gänzlich ohne Kontakt mit ihren Gefährten mehr oder weniger orientierungslos Kieswege entlangschlendern, während sie hartnäckig an der Krümmung ihrer Halswirbelsäule arbeiten. Der Hund läuft derweil in großen Kreisen umher, schaut nicht mal mehr nach Herrchen oder Frauchen, nach ihm wird ja auch nicht geschaut.

Es mag Hunde geben, die diese Freiheit schätzen. Es gibt aber auch welche, die frustriert das. Ein Vierbeiner möchte gern mit seinem Zweibeiner was erleben – richtig toll ist der Ausflug doch erst als Sechsbeiner. Ich frage mich, was diese Smartphone-Herrchen und -frauchen von dem Hundegassi mit nach Hause nehmen außer Daten. Wenigstens ein Teil des Gassis sollte dem Hund gewidmet werden. Und dann darf sich der Smartphoniker als Leckerli eine WhatsApp gönnen.

Für mich gehört die Zeit, die ich bewusst mit meinen Hunden verbringe, zu den schönsten des Tages. Obwohl ich jeden Tag viele Stunden mit Hunden beschäftigt bin, fehlt mir manchmal die Zeit für meine eigenen Hunde. So ein Spaziergang mit Alma und Wunjo rückt die Dinge gerade. Oft habe ich unterwegs gute Ideen, ich denke aber auch mal gar nichts und widme mich den beiden. Und wenn ich nach Hause komme, bin ich innerlich aufgeräumt. Außerdem habe ich immer etwas Schönes erlebt. Manchmal mit den Hunden, manchmal eine Begegnung mit einem Menschen, manchmal das Bild des Morgentaus über den Wiesen oder ein Vogelgesang.

Die Bewegung draußen ist ein Schlüssel zu all den inneren Bewegungen, die ein solches Gassigehen ermöglicht. Und genau diese Qualität bietet ein einstündiger Lauf neben dem Fahrrad oder joggenden Frauchen nicht. Hier soll oder kann der Hund an der Leine eben nicht stehen bleiben, um zu schnuppern oder Artgenossen zu begrüßen, falls der Hund kontaktfreudig ist. Es gibt auch Exemplare, die legen keinen gesteigerten Wert auf Artgenossen. Vielleicht haben sie aber auch einfach nie Zeit, Kontakte zu pflegen – Frauchen läuft schon weiter, Frauchen ist immer in Bewegung, Frauchen hat keine Muße zum Verweilen, da hängt dem Hund die Zunge zum Hals raus.

Und sie hängt auch heraus, wenn Gassi gefahren wird, das heißt, wenn sein Halter mit dem Auto vorausfährt und der Hund hinterherlaufen soll oder vorneweg läuft. Was für eine effektive Art der Bewegung. Halter sitzt, Hund rennt sich müde. Das ist laut Tierschutzgesetz verboten. Für den Hund ist es ein enormer Stress, dem Auto hinterherzujagen, mit dem sein Mensch von ihm davonfährt. Es gibt kein Argument, das dies rechtfertigt, weder Konditionsaufbau noch Zeitmangel. Wenn ich eine solche Situation beobachte, mische ich mich ein, obwohl ich sonst eher zurückhaltend bin, solange ich keinen Arbeitsauftrag habe.

Vor einigen Wochen, es war auf einer kleinen Straße, die zu einem Wald führte, passierte es wieder. Ein SUV fuhr auf mich und meine zwei Hunde zu. Davor – immerhin davor, nicht dahinter – ein galoppierender Hund. Mein Blutdruck stieg. Ich würde mich jetzt gleich in die Mitte der Straße stellen und den Fahrer zum Anhalten zwingen. Ich stand noch am Straßenrand, da bremste der SUV, rollte langsam bis auf meine Höhe. Die Fahrertür wurde aufgerissen, im Wagen saß eine blonde Frau in meinem Alter. »Das ist eine Ausnahme. Ich hasse Leute, die ihre Hunde mit dem Auto laufen lassen«, sagte sie schnell.

Jetzt kapierte ich gar nichts mehr.

Die Frau deutete auf ihre Füße. »Es ist im Moment meine einzige Möglichkeit. Ich habe eine Schiene am Bein, sehen Sie?«

Ich nickte.

»Zum Glück ist das ein Automatikwagen. Ich weiß mir keinen anderen Rat, solange die Schiene dran ist.«

Die Frau hatte mir im wahrsten Sinne des Wortes den Wind aus den Segeln genommen. Womöglich hatte sie mir schon von Weitem angesehen, dass ich kurz vorm Platzen war. Während unseres kurzen Gesprächs stand ihr Hund, ein fröhlicher schwarz-weißer Mischling, neben dem Auto und wartete darauf, dass es weiterging. Obwohl die Frau im Wagen saß, konnte ich sehen, dass sie eine gute Verbindung mit ihrem Hund hatte. Das kann man nicht einmal von jedem Fußgänger behaupten, gerade wenn das Gassigehen abgehakt wird wie auf einer Checkliste. Es gibt Hundehalter, die verlieren den Kontakt zu ihren Hunden in dem Moment, wo sie die

Wohnung verlassen. Sie marschieren los, starr geradeaus, ihre Strecke, mal die große, mal die kleine, so als wäre das Gassi eine Verpflichtung, kein gemeinsamer Ausflug, bei dem man als Team viel erleben kann. Der Hund läuft vorne oder hinten oder weit weg. Irgendwann ist man wieder zu Hause. War da was? Jedenfalls keine Dog-Life-Balance. Wenn solche Kunden zu mir in die Praxis kommen, beleuchte ich zuerst einmal das Beziehungsgeflecht zwischen Mensch und Hund. Wann und in welchen Situationen verlieren sie den Kontakt zueinander? Was verändert sich, wenn die beiden ihre vier Wände verlassen? Manche Hundehalter sind innerhalb der eigenen vier Wände in besserem Kontakt mit ihren Hunden als außerhalb.

Wo läuft der wohlerzogene Hund?

Es gibt auch in der Hundetrainerszene ständig irgendwelche Modetrends. Aktuell wird vielerorts behauptet, dass der Mensch unbedingt vor dem Hund laufen müsse, schließlich sei der Mensch Alpha. Der Platz des Hundes sei strikt hinter dem Menschen. Wer Ihnen so etwas erzählt, verbreitet einen Irrtum. Nicht einmal bei Wölfen und auch nicht bei frei lebenden Hunden läuft der Chef ständig vorneweg. Davon abgesehen ist es sehr frustrierend für den Hund, wenn er immer hinten bleiben muss. Er möchte auch mal vorauslaufen, was entdecken, als Erster sehen. Gönnen Sie ihm das! Sie verlieren damit keinen Status und auch keine Autorität, es verändert sich überhaupt nichts, wenn Ihr Hund mal vorneweg läuft. In entspannten Mensch-Hund-Teams läuft der Hund mal vorne, mal hinten, mal nebenher und hält in jeder Position Kontakt zu seinem Menschen. Dieser Kontakt ist unterbrochen, wenn Hundehalter wie Aufpasser hinter ihren Hunden herlaufen und sie ständig maßregeln. *Benni, nicht buddeln, hörst du, hör auf! Aus, Luna, aus! Aus jetzt!* Sie rufen die Hunde aus den ungünstigen Situationen immer genau in dem Moment ab, in dem die Hunde beschäftigt sind. Das animiert dazu, sämtliche Befehle durcheinander zu rufen. *Nelly, hier! Hierher jetzt! Sitz! Platz! Hier zu mir hier! Platz jetzt! Hier!* Und Nelly denkt sich womöglich: Solange du nicht weißt, was ich tun soll, mach ich, was ich will. Wenn sie überhaupt noch hinhört, denn wer ständig zu seinem Hund spricht, macht ihn harthörig. Schnuppert der Hund irgendwo, wird er mit einem *Pfui* davon abgehalten. Taucht ein Radfahrer auf, wird herumgeschrien und -gefuchtelt. Entfernt sich der Hund zu weit, dann hört man *Hier! Zurück! Warte! Platz! Sitz! Hierher! Komm jetzt sofort!* Oft beginnt der Hund dann erst recht, sich die Gegend genauer anzusehen. Denn bei so viel Alarm in der Stimme von Herrchen oder Frauchen stimmt etwas nicht, da muss man schon wachsam sein.

Besser wäre es, den Umgang mit solchen Situationen spielerisch zu lernen. Den Hund zu sich zu rufen, wenn eben nichts los ist. Das Kommando *Sitz* zu geben, wenn kein Umweltreiz den Hund ablenkt, und somit seine Aufmerksamkeit schulen. Dieses Training sollten Sie langsam steigern, in anspruchsvollerer Umgebung mit mehr Umweltreizen, bis der Hund jederzeit gut zu führen ist und auch stressige Situationen vom Mensch-Hund-Team gut gemeistert werden können.

Ich frage mich oft, warum es sich die Menschen so schwer machen. Es wäre viel einfacher, wenn sie von ihren Hunden nicht nur in Gefahrensituationen Gehorsam verlangen würden, sondern diesen spielerisch in den Alltag einfließen lassen würden. Sonst machen sie es auch ihren Hunden schwer, die ja eine andere Gefahreneinschätzung vornehmen als wir Menschen.

Bei einem Mensch-Hund-Team in guter Dog-Life-Balance ist es dem Hund ein Bedürfnis, seine Entdeckungen dem Halter mitzuteilen. Er dreht sich aus eigenem Antrieb zu Herrchen und Frauchen um und fragt oft sogar mit seiner Körpersprache: Darf ich? Wenn Frauchen nickt, läuft der Hund zu dem Bach und macht mal schnell die Pfoten nass. Und es ist kein einziges Wort gefallen. Mit einer kleinen Geste holt Frauchen den Hund zurück, und der kommt bereitwillig, weil an Frauchens Seite der schönste Platz der Welt ist. Solche kleinen Gesten basieren nicht auf langwierigem Training, sie ergeben sich einfach, wenn sich der Hund bei seinem Menschen wohlfühlt. Und das wünschen wir uns doch alle, dass der Hund gern und freiwillig bei uns ist und das tut, was wir von ihm erwarten, weil ihm unsere positive Bestätigung wichtiger ist als irgendein verlockender Duft am Wegesrand oder das Rascheln einer Maus im Gras. Ein solches Miteinander ist während gemeinsamer Spaziergänge leicht aufzubauen. Verschenken Sie diese Chancen nicht! Aber es darf und soll auch Gassis geben, die ohne besondere Ereignisse verlaufen. Die kenne ich auch. Da latsche ich mit meinen Hunden durch den Wald und achte kaum auf sie, weil ich einfach nur laufen muss, um den Kopf freizukriegen. Sie nehmen es mir nicht übel. Und ich nehme es mir auch nicht übel. Denn ich weiß, dass ich auch auf meine Bedürfnisse achten muss. Wenn ich mit mir im Reinen bin, bin ich in gutem Kontakt mit den Hunden – und mit anderen Menschen.

Bewegung findet auch innerlich statt

Auf den vorhergehenden Seiten habe ich beschrieben, dass die artgerechte Bewegung den Hund auch innerlich bewegt. Ein Hund, der schnuppert, umherstreift, Gerüche aufnimmt, die Umwelt wahrnimmt, kurz: dem ein abwechslungsreicher und lebendiger Austausch ermöglicht wird, kann sein Grundbedürfnis nach Bewegung vollständig befriedigen, anders als der Artgenosse, der nur rennt. Ist es bei uns Menschen nicht genauso? Stellen Sie sich vor, Sie würden im Dauerlauf durch einen faszinierenden orientalischen Bazar gehetzt, wo es so viel anzusehen, zu riechen, zu betasten gäbe. Wie lange würde es dauern, bis Sie sich frustriert auf den Boden setzen? Sie haben vermutlich kein Halsband um und werden nicht weitergezerrt. Sie können einfach sitzen bleiben und sich mit anderen darüber austauschen, die Sie ansprechen: Hallo, was machst du denn da? Sie könnten eine SMS schreiben, was ein Hund ja auch macht, wenn er markiert. Und das sollten Sie ihn auch tun lassen. Markieren ist enorm wichtig für die Kommunikation unter Hunden.

Markieren hat verschiedene Funktionen. Zum einen zeigt der Hund damit: Das ist mein Revier. Zum anderen schickt er Nachrichten an alle anderen, die bereits an dieser Stelle urinierten: Ich war ebenfalls da. Bei vielen Hunden kann man auch Scharren beobachten. Das tun sie aber nicht, um ihre Hinterlassenschaften zu verbergen, so wie man es von Katzen kennt. Bei Hunden befinden sich an den Pfotenballen Schweißdrüsen. Durch das Scharren wird der Boden mit dem eigenen Geruch imprägniert. Über ihre Analdrüsen geben Hunde wie über den Urin Informationen weiter: Alter, Geschlecht, Gesundheitszustand, Hormonstatus und noch einiges mehr, wovon wir wohl noch nichts ahnen. Übrigens pinkeln Hunde, die sich nicht mögen, bei einem gemeinsamen Gassi nicht auf dieselbe Stelle. Es ist ein Zeichen für Sympathie, wenn der eine Urin ablässt und der andere es ihm nachmacht – ein soziales Event. Man hinterlässt eine Nachricht und kriegt gleich Antwort. Bei Rüden kann man gelegentlich regelrechte Pinkelduelle beobachten, und wer es schafft, seinen Urin weit oben zu hinterlassen, suggeriert anderen, dass dieser Ort von einem ganz großen Kerl besucht wurde.

Ich habe einmal von einem bekannten Trainer gehört, der in einem Vortrag seine Zuhörer ermutigte, etwas eigenen Urin in eine Spritze zu füllen und über den Urin des Hundes zu träufeln, um den eigenen Status gegenüber dem Hund zu stärken. Das ist natürlich Quatsch. Man hat beobachtet, dass Tiere, die im Rudel niedrig eingestuft werden, sich viel mehr mit Schnuppern und Markieren beschäftigen als ranghöhere Tiere. Hündinnen markieren ebenfalls und können auch das Bein heben, aber nur wenige von ihnen zeigen ein solches Verhalten.

Haben Sie schon einmal beobachtet, wie ein Hund an einer Stelle gerochen und geschleckt und dann mit den Zähnen geklappert hat? So untersucht der Hund mittels seines Jakobson'schen Organs eine Markierung oder einen Geruch genauer. Das Jakobson'sche Organ sitzt hinter den Schneidezähnen und arbeitet wie ein kleines Chemielabor. Der Hund speichelt, bildet Schaum und fängt damit winzige Partikel aus der Luft, um sie in seinem Chemielabor zu untersuchen. Im Mutterleib war unser Jakobson'sches Organ noch funktionsfähig, dann bildete es sich zurück. Wenn man mit der Zunge hinter den Schneidezähnen tastet, spürt man eine winzig kleine Erhebung: das stillgelegte Labor.

Anton und der Postbote

»Mein Anton ist super«, sagte Herr Hurt. »Der ist so was von genügsam, das gibt's gar nicht. Aber jetzt habe ich große Sorgen. Ich kann gar nicht mehr schlafen deswegen. Bei uns hat sich nämlich einiges verändert. Meine Frau arbeitet nun auch Vollzeit, weil wir doch gebaut haben.« Der schlanke dunkelhaarige Mittdreißiger schaute mich an, als wäre das allgemein bekannt – das musste man doch wissen, dass die Hurts aus Bad Tölz jetzt bald ein eigenes Haus hatten.

»Aha«, sagte ich.

»Ich hätte ja nie gedacht, dass der Anton mal Probleme machen würde, wo ich doch einen total netten Chef habe. Ich habe den Anton von Anfang an mitnehmen dürfen ins Büro, obwohl wir eigentlich Hundeverbot haben. Aber mein Chef hat eine einmalige Ausnahme gemacht, es haben alle Mitarbeiter unterschreiben müssen, und das haben sie auch, weil der Anton nämlich jeden um den Finger wickelt.«

Ich nickte. Anton, ein Schweißhund, acht Jahre alt, hatte sich zwischenzeitlich um meine Beine gewickelt.

»Wo ist das Problem?«, fragte ich Herrn Hurt, um auf den Punkt zu kommen.

»Ja, ich weiß gar nicht, wie das genau anfing. Weil ja alles immer prima lief. Alle lieben Anton, die Stimmung im Büro ist super, wir haben sogar eine Facebook-Gruppe für Bürohunde gegründet. Da gibt es so Studien, dass nämlich Hunde gut für das Betriebsklima sind.«

»Ich weiß«, sagte ich. »Und was ist jetzt passiert, wobei kann ich Ihnen helfen?«

»Ja, also…« Auf einmal fiel Herrn Hurt das Reden schwer. »Wenn ich heute darüber nachdenke, glaube ich, dass die Sache schon vor einem halben Jahr anfing. Aber es war nur so eine Kleinigkeit.«

»Was für eine Kleinigkeit?«

»Anton hat den Postboten im Büro angebellt. Obwohl er ihn kennt. Ich habe mir nichts dabei gedacht. Ist doch normal, dass Hunde Postboten anbellen.«

»Das hat er früher nicht gemacht?«

»Nein. Und dann hat er auch andere angebellt, oder mindestens geknurrt.« Herr Hurt zögerte. »Eigentlich jeden, der in unser Büro kommt. Also, ich sitze mit einer Kollegin in einem Raum. Die ist nicht gegen den Anton, gar nicht. Aber wir haben Angst, dass es schlimmer werden könnte, weil es jetzt eben diesen Vorfall gegeben hat.«

»Welchen Vorfall?«, fragte ich. Es rührte mich, wie schwer es Herrn Hurt fiel, offen über das Fehlverhalten seines Hundes zu sprechen. Es war geradeso, als würde er petzen oder ihn verraten. Andererseits musste ich natürlich wissen, was geschehen war.

Herr Hurt stotterte eine Weile herum, ehe ich die ganze Geschichte hörte: Anton war aus heiterem Himmel auf einen Kollegen zugerannt, der mit einer Kaffeetasse über den Flur ging, und hatte ihn ins Knie gezwickt. Der Kollege hatte gelassen reagiert, die Verbrühung durch den Kaffee war schlimmer als der Zwicker ins Knie. Niemand hatte Anton etwas nachgetragen. »An der Oberfläche«, sagte Herr Hurt bedrückt. »Doch untendrunter, da brodelt es.«

Herr Hurt glaubte bemerkt zu haben, dass gewisse Kollegen sein Büro mieden. Denn Anton knurrte seit Neuestem selbst befreundete Kollegen an, die ihm auf dem Weg zu Herrn Hurt begegneten. »Wahrscheinlich, weil sie sich seltsam bewegen?«, mutmaßte Herr Hurt und hatte gleich noch eine Interpretation parat: »Oder weil sie ihn aus dem Schlaf reißen, wenn die bei uns reinstürmen. Da wäre man als Mensch doch auch erschrocken, oder? Und ich bin dem Anton ja dankbar, dass er so viel schläft. Wenn er nicht so viel schlafen würde, ich weiß gar nicht, wie wir das schaffen könnten. Und man sagt doch auch, dass der Büroschlaf am gesündesten ist, oder?« Er zwinkerte mir zu.

»Wie viel schläft er denn?«, fragte ich.

»Sehr viel. Ich muss fast nicht mit ihm Gassi gehen, weil er so viel schläft. Er könnte ja auch Terz machen, nein, macht er nicht. Der Anton versteht, dass er jetzt eine Weile kürzertreten muss wegen des Hausbaus. Mein Anton ist ein ganz ein schlauer, gell, Anton?«

Tock, tock, tock, bestätigte Antons Rute.

»Und wie viel gehen Sie täglich mit ihm?«, erkundigte ich mich.

»Morgens schaffen wir meistens nur die fünf Minuten vom Auto zum Büro. Mittags…« Herr Hurt räusperte sich. Ich sah, dass ihm in diesem Augenblick selbst auffiel, wie wenig Zeit er für seinen Hund hatte. Ich sah auch, dass er mit sich rang, mir die Wahrheit zu sagen. Oft beschönigen Hundehalter eine Situation, was ja letztlich nichts bringt. »Zehn Minuten«, stieß Herr Hurt hervor. »Zum Bäcker und zurück. Da erledigt er alle seine Geschäfte. So ist mein Anton.« Er räusperte sich. »Und…also…ich weiß, dass das wenig ist. Ich nehme mir auch jeden Tag vor, dass wir abends lange gehen. Aber meistens wird die Zeit dann knapp, und es reicht auch abends nur zu einer kleinen Runde.«

»Wie klein?«, fragte ich.

Herr Hurt wich mir aus. »Der Anton packt das. Man sagt doch, dass Hunde es spüren, was mit ihren Leuten los ist. Der Anton merkt genau, dass wir jetzt die Arschbacken zusammenkneifen müssen, bis das Haus steht und wir eingezogen sind. Danach wird alles besser.«

Das bezweifelte ich. Oft erhöht sich der Stress mit dem Umzug ins neue Haus. Aber ich sagte nichts.

»Klar hab ich ein schlechtes Gewissen«, räumte Herr Hurt ein.

»Das kann ich mir gut vorstellen«, entgegnete ich, »wenn Sie mit einem achtjährigen Schweißhund weniger als dreißig Minuten am Tag Gassi gehen.«

»Aber was soll ich denn machen?«

»Im Moment sieht es so aus, als hätte Anton entschieden, etwas zu machen«, sagte ich.

Herr Hurt schaute mich verständnislos an. Ich erklärte ihm die Lage. »Anton geht es nicht gut, wenn sein Grundbedürfnis nach Bewegung nicht erfüllt wird. Sie schildern mir einen Hund, der wohl ziemlich verzweifelt ist. Es kann gut sein, dass er gerade in eine Depression hineinrutscht.«

»Um Himmels willen!«, rief Herr Hurt erschrocken.

»Anton schickt Ihnen vielleicht schon länger Signale, aber Sie konnten seinen Alarm nicht hören, weil Sie gerade sehr eingespannt sind. Sie haben sein Verhalten fehlgedeutet. Der Hund schläft nicht viel, weil Büroschlaf der gesündeste ist oder weil Sie ein Haus bauen und er darauf Rücksicht nimmt. Er schläft so viel, weil er deprimiert ist. Seit vielen Monaten macht er das nun mit. Aber irgendwann kann er eben nicht mehr. Auch der tollste Anton nicht. Jetzt schafft er es nicht mehr, sich anzupassen. Deshalb hat er den Kollegen gezwickt, deshalb knurrt und bellt er im Büro.«

»Also ist er nicht aggressiv? Ich hatte so Angst, dass Sie sagen, er wäre aggressiv und ich müsste ihn weggeben.« Herr Hurt wirkte erleichtert.

»Aggression ist die Kehrseite der Depression«, erklärte ich ihm. »Beides läuft auf dasselbe hinaus: ein Mangel in den Grundbedürfnissen.«

»Und was soll ich jetzt machen?«

»Zeit mit Anton verbringen«, sagte ich.

»Aber das geht nicht!«, rief Herr Hurt. Dann schaute er Anton an. Der Hund erwiderte seinen Blick. Herr Hurt schaute mich an. »Man muss ja nicht im März einziehen. Man kann auch einen Gang zurückschalten und im Mai oder Juni einziehen«, dachte er laut, und ich hörte die Rechenmaschine hinter seiner Stirn rattern. Er lachte, und es klang befreit.

Tock, tock, tock, bekräftigte Anton.

Wenn man einen Hund zu sich holt, kann man nicht davon ausgehen, dass die aktuellen Lebensumstände so bleiben, wie sie sind. Das Leben ist ein Überraschungsei, und nicht immer bringen Veränderungen Vorteile für Hunde. Doch manchmal übersehen Menschen, dass gewisse Veränderungen von ihren Hunden nicht ausbalanciert werden können, und wundern sich dann über ein seltsames Verhalten. Als Hundehalter sollte man im Hinterkopf behalten, dass Hunde sehr wohl auf Umstellungen reagieren – wenn auch nicht sofort, oft dauert es eine Weile. Ein Hund ist kein Ding, mit dem man einfach umzieht oder dessen Tagesablauf man gravierend verändert. Er braucht Hilfestellung, um sich einzugewöhnen, und dann ist die Dog-Life-Balance auch wieder im Lot.

Ein Spaziergang in der Dog-Life-Balance

Der optimale Spaziergang für ein Mensch-Hund-Team findet nicht an der Leine statt. Der Hund muss frei laufen können, um seine Bedürfnisse zu befriedigen. So bewegt er sich nicht stur in der Geschwindigkeit, die sein Mensch beispielsweise auf dem Fahrrad vorgibt, sondern kann sein eigenes Tempo wählen. Dem Hund wird genügend Zeit gewährt, seine Umgebung wahrzunehmen und zu schnuppern und Sozialkontakte mit Artgenossen zu pflegen. In den Spaziergang eingebaut sind – nicht bei jedem Gassi, aber doch regelmäßig – Trainingssequenzen. Der Hund wird abgerufen, geht bei Fuß, apportiert etwas, setzt sich in der Distanz hin, je nachdem, was er können sollte, ohne ihn zu überfordern. Nicht jeder Hund apportiert. Manche Hunde finden es einfach langweilig, einen Gegenstand zurückzubringen, den ihr Mensch ja offensichtlich loswerden will und deshalb weit von sich wegschleudert. Die Dauer des Gassis ist dem Gesundheitszustand und Alter des Hundes anzupassen. Ein dreijähriger Hund ist länger unterwegs als ein zwölfjähriger. Der Spaziergang sollte nicht täglich über dieselben Wege führen. Ein wenig Abwechslung erfreut den Hund und fordert ihn auch, da die unbekannte Umgebung erkundet werden will. Abwechslung sollte zudem in der Bewegung geboten sein, weil einseitige Belastung auf Dauer zu gesundheitlichen Problemen führen kann. Am besten hat man ein Repertoire, aus dem man je nach Wetter auswählt. Ein zweijähriger, bewegungsfreudiger Hund könnte zusätzlich zum täglichen Gassi zweimal in der Woche dreißig Minuten neben dem Fahrrad herlaufen und am Wochenende einen längeren Spaziergang in einem interessanten Revier machen. Aber werktags sollte er nicht immer dieselben Wege gehen. Zu viel Abwechslung sollte man Hunden allerdings auch nicht zumuten. Sie schätzen das Patrouillieren im eigenen Revier, um zu sehen, beziehungsweise zu riechen, ob sich etwas verändert hat und was. Vielleicht ist es Ihnen schon einmal aufgefallen, wie intensiv Hunde nach einer längeren Abwesenheit bei der Rückkehr ihre altbekannten Wege abschnuppern und wie sie auch häufiger »ihren Senf dazugeben«: Kumpels, ich bin wieder da! Markieren gehört mit zu einem Spaziergang, der das Hundeherz erfreut. Und wenn sich der Hund freut, freut sich auch der Mensch, oder, um mit Hildegard von Bingen zu sprechen, die die Dog-Life-Balance schon vor Hunderten von Jahren in einen schönen Satz gefasst hat: Gib dem Menschen einen Hund und seine Seele wird gesund.

Beschäftigung:
Hunde haben nicht nur Herz,
sondern auch Hirn

Jeder Hund ist irgendwann für eine bestimmte Aufgabe gezüchtet worden. Und so begleitet er den Menschen bei der Jagd, als Wachhund, Hütehund, Servicehund für Behinderte und erledigt noch viele weitere Jobs. Ihre Aufgaben erfüllen die meisten Hunde sehr gern. Sie sind ihrer Natur nach neugierig, und je nach Rasse und Alter lernen sie mehr oder weniger schnell und können die ihnen gestellten Aufgaben mehr oder weniger gut bewältigen. Man kann nicht von einem Hund auf andere schließen. Was dem einen leichtfällt, mag für den anderen einem unlösbaren Rätsel gleichkommen.

Jeder Hund kann beschäftigt werden, egal wie alt er ist, und oft sogar noch, wenn er krank ist, mit Aufgaben, die an seinen Zustand angepasst sind. Heutzutage braucht ein Hundehalter, der in der Regel ja keine Schafherde mehr beaufsichtigt oder auf die Jagd geht, nicht mal Phantasie, um sich etwas einfallen zu lassen. Das Angebot an Beschäftigung für den Hund ist fast schon unüberschaubar, und es gibt zahlreiche Bücher und Tipps im Internet dazu. Agility, Hundesport, Fährten-suche, Mantrailing, Dummysport, Dog Dancing, Scootern, Obedience, Flyball, Trickschule, Longieren, Treibball, Frisbee, Zos, Jump and Dance und vieles mehr. Hinzu kommen ständig neue Trends mit oft geheimnisvollen Namen, denn Hundehalter sind ja nicht nur nette Menschen, sondern auch Konsumenten und geben gern Geld für ihre Lieblinge aus. Es fragt sich eben nur, ob das, was sie buchen, gut für den Hund ist. Es gibt keine empfehlenswerte Beschäftigung für alle – und mit »alle« meine ich nicht nur die Hunde, sondern auch die Menschen, die am anderen Ende der Leine hängen: Wenn Herrchen keine Lust hat, mit seinem Schäferhund beim Hundesport über Hürden zu springen, dann sollte er es auch nicht tun – selbst wenn der Hundetrainer versichert, dass es dem Hund viel Spaß mache. Die Dog-Life-Balance stimmt nur, wenn beide mit Freude bei der Sache sind, Hund und Mensch. Es kann sein, dass auch mal ein Mensch von der Freude des Hundes mitgerissen wird. Trotzdem sollte man als sechsbeiniges Duo antreten, nicht als Vierbeiner mit Anhang, finde ich.

Sie kennen Ihren Hund am besten. Sie wissen Bescheid über seine Fähigkeiten und Vorlieben – und auch über Ihre eigenen. Sie wissen, ob Sie und Ihr Hund eher sportlich sind oder mit Vergnügen auf dem Sofa surfen. Wenn Sie allerdings unsicher sind oder Ihre Eignung noch einmal überprüfen wollen, probieren Sie doch einfach mal was aus. Schauen Sie in einer Hundeschule bei verschiedenen Kursen zu. Fragen Sie nach einer Probestunde, oder sprechen Sie mit anderen Hundehaltern, wie sie ihre Hunde beschäftigen. Vielleicht kommen Sie auf eine ganz neue Idee. Manchmal braucht es auch zwei, drei Stunden, ehe man sich sicher ist, ob eine Beschäftigung einem wirklich gefällt. Geben Sie sich diese Zeit, und Ihrem Hund auch, der sich ja erst mal an eine neue Umgebung und die neuen Spielkameraden gewöhnen muss.

Nachfolgend ein paar Leckerlis aus dem reichhaltigen Angebot.

Die beliebtesten Hundebeschäftigungen

Mantrailing

Der Hund sucht einen Menschen, der sich versteckt hat. Dazu bekommt er eine Duftprobe unter die Nase gehalten. Mantrailing ist eine tolle Beschäftigung für alle jagdlich orientierten Hunderassen, aber auch für Hunde, die schüchtern sind gegenüber Fremden oder sich vor Geräuschen fürchten.

Mantrailing stärkt das Selbstbewusstsein des Hundes – und es schweißt Mensch und Hund zusammen: Man geht sozusagen gemeinsam auf die Jagd und freut sich gemeinsam über den Erfolg.

Diese Beschäftigung ist auch im hohen Alter zu empfehlen, da die Nase des Hundes am längsten gut funktioniert. Außerdem werden bei einem gut sitzenden Geschirr die Muskeln stimuliert und trainiert.

Obedience

Die hohe Schule der Gehorsamsübungen. Hier geht es um ein harmonisches Miteinander bei der exakten Ausführung der vorgegebenen Übungen in mehreren Schwierigkeitsstufen. Eine tolle Sache für alle Vierbeiner mit Schäferhund-Anlagen und solche, die von sich aus gern im engen Kontakt mit ihrem Menschen arbeiten. Die Hunde müssen sich stark konzentrieren, mit Schnelligkeit kann man nicht punkten.

Agility

Hier werden Hürden und Hindernisse in einer vorgegebenen Reihenfolge in unterschiedlichen Schwierigkeitsgraden vom Hund überwunden, der Mensch läuft mit.

Zahlreiche Hundeschulen bieten diese Disziplin auch nur zum Spaß an – Agility Fun. Hier geht es um Schnelligkeit, Geschicklichkeit und Präzision. Ausdauer ist nicht nur vom Hund gefragt. Geeignet für alle sehr aktiven Hund-Mensch-Teams.

Ernsthaft betrieben, ist Agility ein Leistungssport und belastet die Gelenke. Um Verletzungen vorzubeugen, müssen die Muskeln vor dem Training aufgewärmt werden – und natürlich muss der Hund fit für den Sport sein, was ein Besuch bei der Tierärztin klären kann.

Scooter

Der Hund wird vor einen Roller gespannt und spielt »Zugpferd«. Dabei darf er schon mal ordentlich Gas geben – ein Riesenspaß für den lauffreudigen Hund. Allerdings muss er auch Disziplin und Gehorsam zeigen, sonst kann sein Partner Mensch den Scooter nicht steuern. Das Aufwärmen nicht vergessen!

Longieren

Nein, das ist nicht nur was für Pferd-Mensch-Teams. Beim Longieren wird mithilfe eines Bandes oder Rohrs ein großer Kreis markiert. Der Mensch befindet sich innerhalb des Kreises, der Hund außerhalb. Nun lenkt der Mensch seinen Hund über Körpersprache und Kommandos und variiert dabei die Distanz. Das ist eine prima Möglichkeit, auch die eigene Körpersprache und die Resonanz darauf zu schulen. Der Hund lernt, Kommandos auszuführen, obwohl sein Mensch nicht unmittelbar neben ihm steht.

Welcher Hund passt zu welchem Menschen?

Früher wurden Hunde von ihren Haltern nicht nach ihrer Tauglichkeit für Agility oder Scootern ausgewählt, sondern nach alltagstauglichen Eigenschaften. Wer sein Grundstück bewacht wissen wollte, hielt einen Schäferhund und schraubte ein Schild an den Zaun: *Vorsicht, bissiger Hund.* Man sieht solche Schilder noch heute, in einer Zeit, in der ein bissiger Hund sofort einen Maulkorb verpasst bekäme. Die Gepflogenheiten haben sich geändert. Hunde sind in Mode, es gibt Mode für Hunde und ständig wechselnde Modehunderassen. Es kann ja sein, dass der Weimaraner hoch im Trend steht, ein Hund, der bis vor Kurzem in der Regel ausschließlich von Jägern geführt wurde. Aber muss man als Großstadtbewohner mit zwei kleinen Kindern und einem Fünfzig-Stunden-Bürojob einen Weimaraner halten? Soll die Dog-Life-Balance mit diesem Jagdhund stimmen, dann wäre eine Jagdpacht empfehlenswert. Aber sie sind eben so schön, gell, mit dem silbergraubräunlichen Fell und den hellen Augen – und diese süßen Schlappohren.

Hunde werden leider noch immer zu selten hinsichtlich ihrer Kompatibilität mit dem Alltag des Halters ausgesucht. Daraus ergeben sich viele Probleme und viel Leid auf beiden Seiten. Denn was macht der Mensch, wenn er feststellt, dass er mit einem Hund nicht zurechtkommt oder mit ihm seine Bedürfnisse nicht befriedigen kann? Was macht er, wenn der Hund wie aus heiterem Himmel – was ein Trugschluss ist, die immer dicker werdenden Gewitterwolken wurden nur nicht wahrgenommen – ein Verhalten an den Tag legt, das nicht tolerierbar ist? Weggeben? Da bricht einem doch das Herz!

Es gibt noch viel zu viele Menschen, für die ein Hund ein Hund ist und Punkt. Aber ein Hund gehört einer bestimmten Rasse an, als Mischling sogar mehreren, und hat deswegen rassetypische Bedürfnisse, die dem Halter oft nicht gefallen oder ihn sogar verzweifeln lassen. Darüber könnte man sich vorher informieren. Rassetypische Eigenschaften sind kein Geheimnis – ein Klick und man weiß Bescheid. Aber manche Menschen kaufen sich einen Hund, weil er niedlich ist, und wundern sich dann, wenn er, dem Welpenalter entwachsen, auf einmal komische Angewohnheiten zeigt. Wenn er beispielsweise jagt. Nun, das liegt einem Jagdhund nun mal im Blut. Das ist sein Job.

Gott sei Dank gibt es das Anti-Jagd-Training. Was aber genau betrachtet ein Schwindel ist. Man kann keinem Hund das Jagen abgewöhnen, man kann es nur umlenken. Der Hund wird weiterhin jagen, aber dann eben im besten Fall kein Wild mehr, sondern Dummys oder die Frisbee-Scheibe oder Menschen mit Leckerchen, die sich versteckt haben. Und er wird zufrieden sein, denn sein Grundbedürfnis nach Beschäftigung wird erfüllt. Es geht also darum, den Impuls, den der Hund mitbringt, aufzugreifen und in einer Beschäftigung so zu kanalisieren, dass der Hund ausgeglichen ist und in der Gesellschaft nicht aneckt und die Dog-Life-Balance in der Waage ist.

Gleichzeitig soll diese Beschäftigung in einem vernünftigen Maß stattfinden. Aber hier schießen viele Hundehalter über das Ziel hinaus. Die Dog-Life-Balance ist gerade bei sogenannten Arbeitshunden oft nicht gewährleistet. Dazu gehören Jagdhunde wie Labrador, Weimaraner und Münsterländer, Hütehunde wie Australian Shepherd und Border Collie und diverse Mischungen daraus. Diese Hunde stehen einerseits bei aktiven Menschen hoch im Kurs, weil sie sportlich und leistungsfähig sind. Andererseits gelten sie als familienfreundlich. Beides führt zu ungesunden Ausprägungen. Entweder die Hunde werden bis an ihre Leistungsgrenzen einseitig beschäftigt oder eben gar nicht, weil sie ja so lieb sind. Und so sieht man bei vielen dieser Hunde zwei Extreme und keine Dog-Life-Balance. Gerade Hunde, die auf Leistung gezüchtet werden, brauchen mehr Beschäftigung als andere, so wie Hunde, die auf Bewegung gezüchtet werden, wie etwa ein Windhund, mehr Auslauf brauchen. Ein Labrador bevorzugt einen anderen Job als ein Mops. Dies zu berücksichtigen ist das A und O der guten Beschäftigung für einen Hund.

Sally und der Knall

Frau Ranft aus Köln buchte eine Intensivwoche bei mir. Besonders Menschen außerhalb von Bayern verbinden das Hundetraining gern mit einem Urlaub im Voralpenland. Frau Ranft war eine erfolgreiche Agility-Sportlerin. Mit Sally führte sie ihren dritten Border Collie und hatte mit den Vorgängerinnen zahlreiche Pokale gewonnen, die sie mir auf einem Foto zeigte. Sally musste in große Pfotenstapfen treten, wenn sie da gleichziehen wollte. Wollte sie das – oder war es Frau Ranfts Wunsch? Sie erzählte, dass sich Sally von Anfang an sehr vielversprechend entwickelt habe. Sally war nun zweieinhalb Jahre alt und hatte bei allen Wettbewerben, an denen sie im letzten Jahr teilgenommen hatte, zu den besten dreien gehört. Frau Ranft sah eine glorreiche Zukunft für Sally. Doch nun hatte es einige seltsame Vorfälle gegeben, die Frau Ranft beunruhigten.

Bei einem Turnier vor zwei Monaten war ein Motorrad in der Nähe vorbeigefahren, es hatte laut geknallt, wahrscheinlich eine Fehlzündung. Sally blieb daraufhin abrupt stehen und rannte dann mit eingeklemmtem Schwanz aus dem Parcours. Frau Ranft war sicher, der Hund habe sich verletzt; sie konnte sich nicht vorstellen, dass Sallys Reaktion etwas mit dem Knall zu tun haben könnte. Das kristallisierte sich erst später heraus, als sie mit anderen Teilnehmern über die Sache sprach, die den unmittelbaren Zusammenhang zwischen Knall und Flucht deutlich erkannt zu haben glaubten. Und es blieb nicht bei diesem Knall. »Ohne Vorwarnung«, sagte Frau Ranft, »hat sich Sally in einen schreckhaften Hund verwandelt. Ich verstehe das nicht. Jetzt zuckt sie schon zusammen, wenn irgendwo was umfällt. Und ein Gewitter darf es nicht geben, da zittert der ganze Hund. Das alles wäre gar nicht schlimm, damit könnte ich umgehen. Das Problem ist, dass Sally sich auch im Training verändert hat. Ich muss ihr zureden, damit sie den Parcours läuft. So kenne ich sie gar nicht. Bis vor dem Knall ist sie schon auf hundertachtzig gewesen, sobald wir aus dem Auto ausgestiegen sind, wenn sie gemerkt hat: Bald geht es los, bald darf ich rennen. Ich überlege, ob ich mehr mit ihr trainieren soll, aber irgendetwas hält mich davon ab.«

Ich erkundigte mich nach eventuellen organischen Problemen und erfuhr, dass Frau Ranft Sally beim Tierarzt hatte durchchecken lassen – ohne Befund –, ferner hatte sie sich mit einer Ernährungsberaterin zusammengesetzt, die ihr bescheinigte, dass sie alles richtig mache. Frau Ranft wusste Bescheid. Sie fütterte keinen Kehlkopf, weil der Schilddrüsenhormone enthalten kann, die Sallys Schilddrüsensystem stören könnten, achtete auf Getreidefreiheit, gab Sally zusätzlich Magnesium ins Futter, dessen Proteingehalt von der Ernährungsberaterin ausgerechnet worden war. Frau Ranft achtete auch darauf, dass Sally tagsüber genug schlief, und ging mit ihr einmal in der Woche zu einer Hundephysiotherapeutin, wo die vierbeinige Leistungssportlerin massiert wurde. »Ich betreibe seit knapp zwanzig Jahren Agility«, gestand Frau

Ranft mir, »aber jetzt bin ich mit meinem Latein am Ende. Und die Situation deprimiert mich natürlich. Ich hatte so auf Sally gesetzt, nachdem meine anderen beiden Hunde zu alt sind, um an Wettkämpfen teilzunehmen.«

»Die anderen beiden Hunde leben bei Ihnen?«

»Selbstverständlich. Die sind auch noch fit, aber eben nicht mehr schnell genug für den Leistungssport. Wir fahren aber täglich mit dem Rad, für die Kondition. Die drei vertragen sich gut und spielen auch miteinander. Tinka ist acht, Bianca zehn.«

Allmählich kam mir ein Verdacht, und ich fragte Frau Ranft noch dies und jenes, ehe ich ihr meine Einschätzung mitteilte: »Nahezu alles, was Sally mit Aktivität verbindet, ist schnell und fordert hohe Leistung. Das bedeutet, dass sie auf einem hohen Stressniveau ist. Der Hund ist stark überreizt, deshalb hat er so extrem auf den Knall reagiert, was zu einer unglücklichen Verknüpfung mit dem Parcours geführt hat. Und in der Folge hat sich Sallys Nervosität in Ängstlichkeit verwandelt.«

»Um Himmels willen!«, rief Frau Ranft. »Einen ängstlichen Hund kann ich nicht gebrauchen.«

»Das muss ja nicht so bleiben«, beruhigte ich sie und führte aus, dass Sally nach den Beschreibungen von Frau Ranft eigentlich nur zwei Seinszustände kannte. Voll Speed on oder off. Es gab kein Dazwischen. »Wenn Sie so weitermachen wie bisher, könnte sich die Ängstlichkeit auch in Aggression verwandeln«, erklärte ich Frau Ranft. »Sally sucht Möglichkeiten, dem Stress zu entkommen. Der Hund ist am Anschlag.«

»Aber Sie sollten mal sehen, mit welcher Freude sie noch bis vor Kurzem trainiert hat.«

»Die Freude kann auch wieder zurückkehren. Doch im Moment haben wir die Situation, dass Sallys Organismus unter Dauerstress leidet. Wenn wir hier nicht intervenieren, kann sich das auch körperlich manifestieren. Sie wissen sicher selbst, dass Dauerstress massive gesundheitliche Folgen haben kann.«

Frau Ranft nickte bedrückt. Dann rief sie: »Aber wieso habe ich das nicht bemerkt? Ich bin doch keine Anfängerin! Ich habe doch alles so gemacht wie bei den anderen beiden. Tinka und Bianca hatten nie solche Probleme!«

»Jeder Hund ist anders. Es bringt nichts, wenn Sie sich jetzt Vorwürfe machen. Ich finde es beachtlich, wie schnell Sie sich Hilfe gesucht haben. Andere würden vielleicht noch einige Wochen oder Monate verstreichen lassen, was die Behandlung nicht einfacher machen würde.«

»Glauben Sie, dass Agility die falsche Beschäftigung für Sally ist?«, sprach Frau Ranft ihre schlimmste Sorge aus.

»Nein, aber ich glaube, dass ausschließlich Agility zu einseitig für Sally ist.«

Nun lernte ich endlich auch Sally kennen, Frau Ranft holte sie aus dem Auto: eine zierliche, hübsche Border-Collie-Hündin. Ihr Blick war wach; kaum war sie leichtfüßig aus dem Auto gesprungen, schaute sie nervös herum. Was ich sah, bestätigte meinen Verdacht. Wir machten einen kleinen Spaziergang an der Isar, und ich schlug Frau Ranft vor, dass Sally deutlich weniger trainieren sollte, nicht mehr täglich, sondern nur noch dreimal in der Woche. Außerdem sollte sie kürzer trainieren, nicht mehr zwei Stunden, sondern fünfundvierzig Minuten. Frau Ranft sollte im Alltag ruhige Elemente einbauen, die Sallys Konzentration forderten – zum Beispiel Suchspiele –, aber nichts mit Schnelligkeit zu tun hatten. Fahrrad fahren sollte Frau Ranft in nächster Zeit nur einmal in der Woche mit Sally. Stattdessen sollte sie gemütlich mit ihr spazieren gehen, sie schnuppern und erkunden lassen.

»Aber dann verlernt sie doch alles!«, rief Frau Ranft.

»Das glaube ich nicht. Außerdem kann man auch gemütlich trainieren. Sie können Sally bei Fuß gehen lassen, Richtungswechsel machen, Sequenzen aus dem Agility in der Natur üben, und wenn es Ihnen gelingt, das spannend zu gestalten, wird Sally auch an diesen Gehorsamkeitsübungen Geschmack finden. Ihre eigene Einstellung muss allerdings stimmen. Wenn Sie das doof finden, werden Sie Sally kaum dafür begeistern können.«

Frau Ranft blickte mich skeptisch an, und skeptisch blieb sie bis zum Abschied. Kein Wunder, hatte ich doch einiges auf den Kopf gestellt. Zwei Wochen später bekam ich eine Mail, in der sie mir mit einem Smiley mitteilte, dass sie selbst ganz erstaunt darüber sei, wie schön das Leben in einem ruhigeren Tempo sei könne. »PS: Mit Sally heute zum ersten Mal wieder auf dem Platz gewesen. Sie zeigte kein Ängstlichkeit mehr.«

Womöglich hatte Sally durch die Achtsamkeit ihrer Halterin die Kurve gerade noch gekriegt.

Hunde, die unter hoher Belastung stehen, brauchen in ihrer Freizeit einen Ausgleich. Ja, man kann durchaus von Freizeit sprechen bei sozusagen berufstätigen Hunden, die für die Polizei oder im Rettungsdienst arbeiten, einem behinderten Menschen den Alltag erleichtern oder in der tiergestützten Therapie gefordert sind. Oder eben im Leistungssport. Der Ausgleich für diese Hunde sollte nichts mit ihrer alltäglichen Aufgabe zu tun haben. Man soll sie bewusst anderweitig beschäftigen. Ein Hund, der sich in seinem Job stark konzentrieren muss, braucht Bewegung zum Ausgleich. Ein Hund, der sich viel bewegt, sollte ruhig beschäftigt werden.

Bei Hunden, die einen sehr nervösen Eindruck machen oder durch aggressives Verhalten aufgefallen sind, kann man manchmal mit einer Futterumstellung etwas verbessern. Trockenfutter mit hohem Proteingehalt wirkt beim Hund so ähnlich wie Kaffee beim Menschen: Er wird aufgeputscht, was bei einem von seiner Grundstimmung her ohnehin leicht nervösen Hund vermieden werden sollte. In solchen Fällen ist es besser, Nassfutter oder Rohfleisch zu geben. Sollten Sie sich unsicher sein, sprechen Sie mit einer Ernährungsberaterin für Hunde. Doch das Futter ist immer nur ein Baustein, es ist wichtig, den Hund ganzheitlich zu sehen.

Frühförderung

Frau Ranft hatte sehr früh damit begonnen, Sally zu trainieren. Die kompetente Agility-Sportlerin hatte einen hundekundigen Eindruck bei mir hinterlassen. Dennoch beobachte ich in letzter Zeit immer öfter, dass Hundebesitzer ihre Welpen mit sogenannter rassetypischer Förderung überfordern. Vor der Reizüberflutung beim Welpen habe ich bereits gewarnt. Es stimmt zwar, dass junge Hunde leicht lernen, doch wer zu viel von ihnen verlangt, tut dem Hund und sich selbst nichts Gutes, weil der kleine Hund noch nicht so viel verarbeiten kann. Insofern beginnen zahleiche spätere Probleme bei der Unsitte, dass Hundehaltern vielerorts geradezu eingebläut wird, sie müssten die ersten Lebenswochen des Welpen nutzen. Ja, es ist richtig, dass in der sensiblen Phase prägungsähnliches Lernen stattfindet. Doch das muss nicht immer nur positiv sein. Wenn man den Hund überfordert, prägt er sich negative Erfahrungen ein.

In dieser wichtigen Zeit entwickelt sich auch das Gehirn stark, und der Umgang mit Stress wird gelernt. Hat der Hund keine Möglichkeit zur Entspannung oder keinen Ausgleich, kann sich eine solche Überforderung ungünstig auf die spätere Belastbarkeit auswirken. Er kann zu einem unruhigen, nervösen, ängstlichen oder aggressiven Vierbeiner werden.

Ich habe meinen Hunden in ihrem ersten halben Lebensjahr aktiv nur zwei Dinge beigebracht: schlafen und Ruhe geben. An Kommandos mussten sie auch nur zwei beherrschen: *Komm* und *Geh auf deinen Platz*. Alles andere lernten sie spielerisch.

Es ist für alle Beteiligten empfehlenswert, dem Welpen eine unbeschwerte »Kinderstube« zu gönnen. So bereitet man ihn besser auf seine späteren Aufgaben vor, als wenn man ihn zu früh mit aktiver, gezielter Förderug überlastet. Irgendwann blockiert er – und dann geht gar nichts mehr. Es würde doch auch niemand von einem zweijährigen Kind verlangen, dass es liest und schreibt und komplexe Rechenaufgaben löst. Aber die drei-, vier-, fünfmonatigen Welpen sollen Vergleichbares leisten. Wer seinem Hund eine gesunde, entspannte Basis gönnt, wird später mehr Freude an ihm haben, und der Hund hat dann auch mehr Freude an seinem Leben.

Der Irrglaube, der Welpe müsse so früh wie möglich so viel wie möglich lernen, hält sich leider hartnäckig, wie ich an den Rückfragen meiner Kunden merke, wenn ich sie bei der Wahl ihres ersten oder nächsten Hundes berate. Ja, Welpen lernen sehr viel, auch ohne Menschen. Wir wissen nicht konkret, was der Hund in seinen ersten Wochen und Monaten aufnimmt, da wir nur eine rudimentäre Vorstellung von den herausragenden Fähigkeiten seiner Sinnesorgane haben. Der Welpe lernt allein dadurch schon viel, dass er auf der Welt ist. Jeder Tag steckt voller Herausforderungen. Da braucht es keine zusätzlichen Jobs von seinem Menschen, der Angst hat, etwas zu versäumen, nicht genug in die sensible Phase zu packen. Gerade bei jagdlicher Frühförderung wird dem Welpen, der die Welt auf seine eigene Weise erkundet, oft viel verboten. Er darf nicht auf Holzstöcke beißen, nicht mit Quietschbällen spielen, soll Tannenzapfen links liegen lassen, auch das Zerrseil ist tabu und so weiter. Stattdessen soll er mit drei Monaten *Sitz* und *Platz* und *Fuß* beherrschen – und ist mit fünf Monaten womöglich hochsensibel und hypernervös. Ein anderer Welpe lernt *Sitz* und *Platz* und *Fuß* im Spiel oder im Alter von fünf Monaten. Ist er deswegen ein Versager? Nein, ganz bestimmt nicht, denn er beherrscht die große Kunst, seinen Ruheplatz aufzusuchen, wenn er müde ist, und es sich dort gemütlich zu machen.

Meiner Meinung nach ist die Anleitung zur Entspannung das Wichtigste in den ersten Wochen. Auf diese gesunde Basis kann der Hund sein Leben lang zurückgreifen. Gelassenheit ist wie ein Speckgürtel: Gute Nerven, ausgeglichenes Gemüt, nichts bringt einen solchen Hund aus der Ruhe. Ein ausgeglichenes Gemüt kann aber jeder Hund gut gebrauchen, schließlich lebt er mit Menschen, und die sind manchmal komisch und hektisch und müssen ausbalanciert werden.

Eine stressige Frühförderung in Verbindung mit zu viel Beschäftigung setzt Hund und Halter unter Druck. Der Kontakt zwischen Mensch und Hund geht verloren. Der Lernstoff steht so im Vordergrund, dass die Leistungsgrenze des Hundes aus den Augen verloren wird. Zuwendung gibt es über Leistung – kein guter Start in die Dog-Life-Balance. Eine weitere Auswirkung der Leistungsgesellschaft, die auch vor Hunden nicht haltmacht. Aber haben wir uns den Hund nicht angeschafft, um mit ihm durch eine Hintertür dieser Leistungsgesellschaft zu entkommen? Wie schade, wenn wir ihn, der uns so treu überallhin folgt, mit ins Stresskarussell bugsieren.

ADHS – können Hunde das auch kriegen?

Immer öfter fragen mich Kunden, ob es möglich sei, dass ihr Hund an ADHS, einer Aufmerksamkeitsdefizit-/Hyperaktivitätsstörung leide. Dergestalt Verdächtigte gehören oft zu einer Rasse, die von sich aus schon schnell hochfährt, beispielsweise der Belgische Schäferhund. Die Polizei schätzt diese Eigenschaft: Die Hunde stehen, so nennt man das, hoch im Trieb. Einer Privatperson kann das den letzten Nerv rauben. Es gibt aber auch Mischlinge unbekannter Herkunft, die unter ADHS-Verdacht geraten. Normalerweise wird diese Diagnose bei Kindern gestellt, die Probleme damit haben, sich zu konzentrieren, impulsiv und hyperaktiv sind. Meiner Meinung nach hat das auch mit dem Stundenplan von Kindern zu tun, der längst nicht mehr allein auf die Zeit in der Schule begrenzt ist. Kinder müssen sehr viel leisten – in bester Absicht der Eltern, die ihren Nachwuchs so gut wie möglich fördern wollen. Und da ist schon die Parallele zum Hund, bei dem die Halter ebenfalls in bester Absicht handeln. Davon abgesehen ist das Angebot an Hunden aus Leistungszuchten hoch, und sie sind beliebt, weil sie so intelligent sind. Aber man muss diese Intelligenz eben auch bedienen – mit der dazu passenden Beschäftigung.

Gerade bei den Hochleistungshunden sollte man von Anfang an auf Ruhe achten. Eine Frühförderung wäre hier doppelt kontraproduktiv, da manche Rassen dazu neigen, eben nicht nur lieb, sondern auch aufbrausend, ruppig, enthemmt und distanzlos zu sein. Bei einigen führt das gesteigerte Bewegungsbedürfnis zu Stereotypen wie Rutefangen. Gelegentlich werden – siehe Ritalin – Medikamente eingesetzt, um die Hunde zu beruhigen.

Doch nicht jeder quirlige Hund brütet ein Problem aus.

Wenn der Golden Retriever in seiner Spielgruppe so richtig aufdreht, ist er kein ADHS-Patient, sondern hat Spaß. Wieder einmal ist es bei Hunden wie bei Kindern, unter denen es auch einige gibt, die fälschlicherweise als ADHS-Kinder bezeichnet werden, in Wirklichkeit aber nur besonders bewegungsfreudig sind. Eine meiner Freundinnen behauptet, sie hätte in ihrer Kindheit sicher ein Ritalinpräparat bekommen, wenn es das damals schon gegeben hätte. »Schlimma ois zehn Buam«, sagte man in Bayern zu solchen Mädchen, deren Temperament das von zehn Jungs übertraf. Ein Hund, der wirklich an einer Hyperaktivität leidet, ist ständig unruhig, zerstört Gegenstände, ist geräuschempfindlich bis hin zur Schreckhaftigkeit, lässt sich leicht ablenken, schläft wenig, reagiert schnell gereizt.

Ein unwissender Hundehalter kann dieses Verhalten, wie wir gesehen haben, fördern. Doch er ist nicht ursächlich dafür verantwortlich. Man weiß mittlerweile, welche Auswirkungen auf den Welpen die Stresssituation seiner Mutter während der Trächtigkeit haben kann. Sie gibt ihre Anspannung – karges Nahrungsangebot, gefährliches Umfeld, wenig Rückzugsmöglichkeiten – über die Nabelschnur an den Nachwuchs weiter. Das kann so gravierende Folgen haben, dass das Gehirn der Welpen durch den hohen Stresspegel in Mitleidenschaft gezogen wird. Diese Hunde sind später extrem stressanfällig. Sie werden rasch nervös, sind unkonzentriert, und es fällt ihnen schwer, zu lernen und soziale Beziehungen einzugehen. Für den Besitzer eines solchen Hundes ist es ein langer Weg, dem Hund Vertrauen ins Leben und Ruhe zu vermitteln. Aber es ist auch eine schöne Aufgabe, die das Herz vieler Menschen berührt.

Dabei versteht es sich von selbst, dass die Beschäftigung, die einem solchen Hund angeboten wird, nichts mit Tempo und Jagen zu tun hat. Aber das lässt sich ja einrichten. Zum

Beispiel immer, wenn man die Wohnung gemeinsam verlässt. Und das gilt für alle Hunde: Lassen Sie sie nicht aufgeregt nach draußen »schießen« und sich zur Hundewiese zerren, wo die Leine endlich ausgeklinkt wird und der Spaß beginnt, der genau genommen, das wissen Sie an dieser Stelle im Buch, nicht immer einer ist. Lassen Sie sich niemals von der Aufregung Ihres Hundes anstecken, im Gegenteil. Wenn Sie merken, dass er hektisch wird, bringen Sie ihn zur Ruhe. Hierzu gibt es ein paar schöne Übungen: Lassen Sie den Hund an der Leine neben sich gehen. Gehen Sie besonders langsam und lassen Sie den Hund alle zwei bis drei Schritte sitzen. Belohnen Sie ihn bei dieser Übung unregelmäßig, das macht es interessanter für den Hund. Ein *Sitz* ist das einfachste Kommando, das der Hund als Erstes lernt, und es ist auch unter schwierigen Umständen abrufbar. Versuchen Sie es – und Sie werden merken, dass sich der Hund neben Ihnen bei dem langsamen Gehen und Sitzen immer mehr entspannt.

Stecken Sie Ihren Hund auch nicht mit Ihrer eigenen Hektik an. Das passiert nämlich sehr oft. Frauchen hat es eilig, rast durch die Wohnung, wo ist der Autoschlüssel, und bis das Haus verlassen wird, ist der Hund auf hundertachtzig. Frauchen schreit Hund an, Hund versteht die Welt nicht mehr, Start in den Tag: mangelhaft. Bringen Sie immer wieder Ruhe in die (Ab-)Läufe. So kann sich der Hund auch am besten konzentrieren und Ihre Erwartungen erfüllen.

Beschäftigung für jeden Tag

Es gibt jeden Tag viele Gelegenheiten, Ihren Hund zu beschäftigen. Fangen wir mal beim Gassigehen an – und zwar noch in der Wohnung. Sie ziehen sich die Schuhe an … und Ihr

Hund springt erwartungsvoll um Sie herum? Dann nutzen Sie das Schuheanziehen, um das Kommando *Bleib* zu üben. Oder Sie lassen sich die Schuhe liefern, genauso Halsband und Leine. Und dann geht es los. Verinnerlichen Sie, dass so, wie Sie starten, auch der Spaziergang verlaufen wird: in Hektik oder ausgeglichen. Bringen Sie gerade zu Beginn Ruhe rein! Draußen läuft der Hund mit oder ohne Leine neben Ihnen, an der Leine zieht er nicht. Um das zu üben und den Hund zu bremsen, kann man alle paar Schritte das Kommando *Sitz* geben und den Hund dann auch belohnen – nicht jedes Mal, wie gesagt, nur hin und wieder. So konzentriert sich Ihr Hund von Anfang an auf Sie, wird ruhiger, geerdet. Damit vermeiden Sie auch, dass der Hund wie wild zieht, weil er so schnell wie möglich zur Hundewiese will. Der Spaziergang beginnt also schon in der Wohnung, nicht erst, wenn irgendein Ziel erreicht ist. Der Weg ist das Ziel. Und das wird entspannt angegangen. Denn wenn Sie dem Ziehen des Hundes an der Leine nachgeben und immer schneller laufen, bis Sie schließlich rennen, damit der Hund endlich von der Leine kann, lernt er: Je schneller und je mehr Zug, desto eher bin ich da, wo ich hinwill. Und dann ist er da und auf hundertachtzig, und wenn es ganz blöd läuft, lässt er am nächsten Artgenossen, der ihm begegnet, erst mal Druck ab und pöbelt ihn an. Das alles muss nicht sein, wenn Sie umsichtig vorgehen!

Viele Hundebesitzer argumentieren, der Hund müsse sich dringend erleichtern, deshalb wären sie so schnell unterwegs. Nun, man kann auch früher losgehen, nicht »auf den letzten Drücker«. Und man kann sich, bevor man aufbricht, kurz vergegenwärtigen, wohin man geht. Dann tritt man dem Hund gegenüber sicherer und bestimmter auf. Der merkt: Sie weiß, wohin sie will. Sobald Sie bei Ihrer Wiese, dem Park, wo auch immer Sie den Hund frei laufen lassen wollen, angekommen sind, haken Sie den Karabiner nicht einfach aus, womöglich während der Hund sich schon ins Halsband wirft und jetzt aber wirklich endlich losrennen will. Üben Sie stattdessen ein Auflösungskommando. Der Hund muss so lange bei Ihnen bleiben, bis Sie ihn losschicken. Sie bestimmen den Zeitpunkt, nicht er. Wenn es hier noch hapert, können Sie es folgendermaßen trainieren: Lassen Sie Ihren Hund neben oder vor sich sitzen, nehmen Sie die Leine ab und sagen Sie ihm, dass er sitzen bleiben muss. Lassen Sie ein Leckerchen neben sich fallen und halten Sie ihn davon ab, sich daraufzustürzen. Bringen Sie ihn dazu, Blickkontakt zu Ihnen aufzubauen, indem Sie ihn ansprechen. Wenn er Sie dann anschaut, geben Sie ihm ein Kommando wie zum Beispiel »Los« oder »Lauf«, das ihm signalisieren soll: Jetzt darfst du machen, was du willst. Und das wird er auch, aber er wird nicht irgendwohin rennen, sondern sich erst mal das Leckerchen schnappen.

Wenn Ihr Hund beim Gassigehen gern weit nach vorne läuft, ist die folgende Übung hilfreich: Sobald der Hund sich für Ihr Gefühl zu weit entfernt, wechseln Sie die Richtung. Läuft er an einer Wegkreuzung beispielsweise nach rechts, biegen Sie nach links ab. Auf gerader Strecke drehen Sie um und gehen zurück. Überraschen Sie ihn damit, dass Sie nicht vorhersehbare Wege gehen. Er muss sich darum kümmern, bei Ihnen zu bleiben, nicht Sie richten sich nach Ihrem Hund. Wenn er Ihnen folgt, loben Sie ihn, aber nicht jedes Mal, sonst nutzt sich das ab. Es soll wie ein Spiel sein, wenn auch mit hoher Gewinnchance für den Hund.

In dieser Übung können Sie auch den Rückruf trainieren: Sie haben die Richtung gewechselt, blicken dabei aber über die Schulter und behalten Ihren Hund im Auge. Sobald er merkt, dass Sie woanders laufen, als er vermutete, und zu Ihnen zurückkehrt, beginnen Sie ihn zu rufen. Dabei gehen Sie rückwärts und feuern ihn an, bis er bei Ihnen ist. Das wird den Hund enorm motivieren – und obendrauf gibt es noch ein Leckerchen. Keine Sorge, diese Übung müssen Sie nicht ein Hundeleben lang machen, doch zur Formung des Mensch-Hund-Teams ist sie hervorragend geeignet. Sobald Sie gut aufeinander eingespielt sind, läuft vieles wie von selbst im Sechsbeiner-Team.

Die meisten Menschen neigen dazu, den Hund nur dann zu rufen, wenn aus ihrer Sicht Gefahr droht. Der Hund blickt sich dann vielleicht nur nach seinem Menschen um, wenn er gerufen wird. Und das verspricht nichts Gutes. Schwingt dann noch Besorgnis in Herrchens oder Frauchens Tonfall mit, hat er den Eindruck, dass da etwas nicht stimmt – und folgt dem Ruf nur zögerlich oder gar nicht. Indem Sie den Abruf auch ohne drohende Gefahr üben und ein Spiel daraus machen, beugen Sie diesem Missverständnis vor.

Sie können Ihren Hund auch mit seiner eigenen Neugier locken. Geben Sie vor, am Wegesrand etwas entdeckt zu haben. Gehen Sie in die Hocke, platzieren Sie das Lieblingsspielzeug Ihres Hundes oder ein Leckerli und studieren Sie völlig versunken, was Sie da ganz unerwartet Tolles gefunden haben. Rufen Sie den Hund nicht, er soll selbst merken, dass ihm womöglich gerade eine Sensation entgeht. Die er dann natürlich unter die Lupe, sprich: Nase nehmen muss. Und so lernt er, dass es sich lohnt, nachzuschauen, was sein Mensch aufspürt.

Das alles ist kein strenges Training, sondern spielerisches Üben, das problemlos in ein Gassi integriert werden kann, wenngleich die folgende Einheit – Stichwort Impulskontrolle – sehr wichtig ist und Ihnen den Alltag mit dem Hund erleichtern wird, vor allem wenn sich Ihr Hund leicht ablenken lässt und schnell auf Außenreize reagiert.

Geben Sie Ihrem Hund das Kommando »*Bleib!*« – ob im *Sitz* oder *Platz*, spielt hier keine Rolle. Wenn er das beherrscht, beginnen Sie damit, Stöckchen, Steinchen, sein Lieblingsspielzeug oder auch Leckerchen um ihn herum fallen zu lassen. Später dürfen sie auch knapp über ihn werfen und somit den Reiz erhöhen. Loben Sie Ihren Gefährten sehr, wenn er der Versuchung widerstanden hat. Wichtig ist, dass Ihr Hund erst wieder aufsteht, wenn Sie ihm das Auflösungskommando geben. Sie beenden sein *Bleib*, nicht er. Und vergessen Sie niemals: Auch das ist ein Spiel, und es sollte immer positiv für den Hund enden.

Suchspiele sind ebenfalls eine feine Sache für die Dog-Life-Balance eines aktiven Gassis. Verstecken Sie unterwegs einfach mal was. Am beliebtesten ist hier natürlich der Futterdummy, ein Täschchen mit Reißverschluss, in dem sich Leckerchen befinden. Bringt der Hund das Dummy zu seinem Menschen, ist dieser so nett, es zu öffnen und ihn zu belohnen.

Für apportierfreudige Hunde ist diese Übung ein Kinderspiel. Aber man kann sie fast allen Hunden beibringen: Als Erstes sollte Ihr Hund lernen, den Dummy ins Maul zu nehmen; dabei können Sie ihm Hilfestellung geben, indem Sie den Dummy noch leicht halten. Loben Sie den Hund, nehmen Sie den Dummy, öffnen ihn und lassen Sie den Hund einige Leckerchen fressen. Steigern Sie dies, bis der Hund den Dummy ohne Ihre Hilfe im Maul behält und Ihnen in die Hand gibt.

Wenn das gut klappt, soll er den Dummy apportieren. Er hat gute Gründe, das zu tun, denn nur sein Mensch kennt den Code, damit sich der Sesam öffnet. Sollten Sie befürchten, dass Ihr Vierbeiner mit dem Dummy durchbrennt, um die Beute vor Ihnen in Sicherheit zu bringen – wär ja gelacht, wenn ich den Safe nicht knacke –, hängen Sie ihn an eine Schleppleine. Sobald Ihr Hund den Dummy im Maul hat, ermutigen Sie ihn, ihn zu Ihnen zu bringen. Wenn diese Übungen alle gut klappen, können Sie den Dummy unterwegs einfach mal auf den Weg fallen lassen, den Hund dann zurückschicken, um ihn zu suchen, oder ihn auch irgendwo verstecken. Auch das macht das Gassigehen bunter, und Hunde lieben dieses Spiel.

Diejenigen, die gern suchen, aber nicht apportieren, können auch nur etwas finden, zum Beispiel Ihren Schlüssel: Geben Sie Ihrem Hund ein *Bleib*-Kommando. Auch hier ist es egal, ob *Sitz* oder *Platz*. Zeigen Sie dem Hund, worum es geht, zeigen Sie ihm den Schlüssel. Gehen Sie dann ein paar Schritte von ihm weg, und legen Sie den Schlüssel offensichtlich auf den Boden, darauf ein Leckerchen. Kehren Sie zu Ihrem Hund zurück und sagen Sie etwas wie »Such den Schlüssel« oder »Such verloren«. Ihr Hund wird das Leckerchen suchen, finden, fressen. Loben Sie ihn, sobald er beim Schlüssel ist, und lassen Sie ihn sitzen oder *Platz* machen. Später soll er durch *Sitz* oder *Platz* verlorene Gegenstände anzeigen. Sollten Sie Angst um Ihren Schlüssel haben, können Sie natürlich auch etwas anderes fallen lassen oder verstecken, das sich geruchlich von der Umgebung abhebt. Ich habe die Erfahrung gemacht, dass es sehr praktisch sein kann, wenn der Hund darauf trainiert ist, einen Schlüssel oder ein Handy zu finden…

Alle Übungen, die Sie in der Hundeschule oder im Hundesportverein lernen, können Sie auch beim Gassigehen üben. Hunde lernen umgebungsbezogen, und es ist wichtig, die Übungen in der »freien Wildbahn« zu festigen, sonst erlebt man das Phänomen, dass der Hund auf dem Hundeplatz alles hervorragend zeigt und sich auf normalen Spaziergängen benimmt, als wäre er noch nie in einer Hundeschule gewesen.

So ruhig, wie ein Spaziergang begonnen hat, soll er auch enden. Dann schließt sich der Kreis aus Entspannung, Action, Entspannung. Schließlich wollen Sie nicht mit einem aufgeputschten Hund nach Hause kommen, sondern mit einem zufriedenen, entspannten. Dazu nehmen Sie den Hund auf dem Heimweg wieder an die Leine und gehen ruhig nach Hause oder zum Auto und üben auf diesem letzten Stück wieder ordentliches Leinelaufen mit einem Leckerchen oder der Sitzübung wie eingangs beschrieben.

Die beschriebenen Übungen fordern einen Hund; vor allem die Nasenarbeit strengt die Hunde sehr an. Ein gut trainierter Rettungshund kann sich circa dreißig Minuten konzentrieren! Das bedeutet für Sie, dass Ihr Hund rechtschaffen müde sein wird, wenn Sie das Gassigehen aktiv gestalten.

Dies waren nur einige Anregungen, die Sie hoffentlich inspirieren, aktive Spaziergänge mit Ihrem Hund zu gestalten. Wichtig ist, dass Sie nicht jeden Tag dasselbe machen. Es darf auch mal ein Gassi ohne alles geben. Ein sehr intensiver Trainingsspaziergang wechselt sich ab mit einem mit wenig Aktivität. Nicht jeder Tag ist gleich, nicht jedes Gassigehen ist gleich. Sie dürfen auch mal keine Lust auf Action haben. Sie sollten auf keinen Fall zum Entertainer werden, sonst verlernt Ihr Hund noch, dass man sich auch mit Grashalm und Co. beschäftigen kann, und erwartet ständig Unterhaltung von Ihnen.

Die gemeinsamen Aktivitäten mit Ihrem Hund stärken in jedem Fall die Bindung, und Sie können sicher sein, dass Sie für Ihren Hund mehr sind als ein Dosenöffner.

Wie viel Hund darf der Hund sein?

Manche Hundehalter glauben, sie seien besonders verantwortungsbewusst, wenn sie beim kleinsten hundetypischen Verhalten gleich eine Anomalie wittern. Mein Hund hat eine Katze gejagt, muss ich jetzt ins Anti-Jagd-Training? Nein, Ihr Hund ist ein Hund und fühlt sich angezogen von Dingen, die sich bewegen. Sie haben es schließlich mit einem Jäger zu tun. Ja, man kann einem Hund das Jagen abgewöhnen, aber es ist keine Verhaltensauffälligkeit. Es verweist eher auf die Verhaltensauffälligkeit des Menschen.

Früher betrachtete man es landläufig als normal, dass Hunde allem nachrannten, was sich schnell bewegte. Dass sie Kühe verbellten. Und wenn der Dackel ein Kind in die Wade zwickte, dann hieß es: Es ist halt ein Dackel. Ja, was wollte man erwarten, ein Hund halt, und der zwickte nun mal, so war das. In diesen Zeiten regte sich auch niemand auf, wenn beim Ausparken eine Stoßstange touchiert wurde. Dafür war sie doch da, deshalb hieß sie doch Stoß-Stange, nicht Anschau-Stange.

Insgesamt scheint es früher etwas entspannter zugegangen zu sein, was nicht heißen soll, dass es in Ordnung ist, wenn der Dackel die Stoßstange zwickt. Aber manchmal kommt es mir so vor, als hätten wir das Maß verloren. Dinge, die nicht schlimm sind, werden als Katastrophen behandelt. Und gleichzeitig werden Vorfälle, die nicht tolerierbar sind, kleingeredet. Oft steckt auch Unwissenheit dahinter oder mangelnde Vorstellungskraft in Bezug auf die Folgen. Es fällt mir auf, dass Hundehalter häufig sehr viel Angst um ihre Vierbeiner haben und selbst normales hundliches Verhalten als aggressiv einstufen. Da schnuppert ein Rüde am Hinterteil einer Hündin, und die bellt einmal kurz: Schleich dich! Daraufhin fängt die Besitzerin des Rüden an zu schreien, weil sie glaubt, ihr Hund wird gleich angegriffen. Nach harmlosen Rangeleien zwischen Junghunden wird die Polizei gerufen, Hundebesitzer keifen sich an, bezichtigen sich gegenseitig, keine Ahnung von Hunden zu haben oder einen hoch aggressiven Hund zu führen. Es gibt Leute, die verlassen ihre Wohnung nur mit Pfefferspray und sparen damit nicht. Ich kenne einen Hundehalter, der bekam eine Ladung verpasst, ohne dass er oder sein Hund etwas falsch gemacht hatten. Aber der Sprayer hatte sich bedroht gefühlt. Auf Hunde übertragen könnte man fast den Eindruck gewinnen, all diese Zeitgenossen entstammen einer Hochleistungszucht, die sehr schnell hochfährt, sehr nervös ist und zu aggressivem Verhalten neigt. Man kann ja auch vom Hund auf den Menschen schließen: Vielleicht sollte man mal nach der Beschäftigung dieser Menschen fragen, vielleicht liegt hier der Hund begraben.

Spiel:
Wer viel spielt, hört gut

Das Spiel ist ein wichtiger Bestandteil von Beziehungen zwischen Hunden, aber auch der Mensch-Hund-Beziehung. Abgesehen vom Spaßfaktor, sprich: dem Ausdruck reiner Lebensfreude, bringt es viele Pluspunkte. Bei Welpen werden Fitness und Koordinationsfähigkeiten gestärkt, insgesamt wird der Stresspegel gesenkt, gutes Benehmen geübt und Beziehungen werden vertieft. Beim Spielen werden Endorphine und Dopamin ausgeschüttet, was das Immunsystem stärkt. Innerhalb einer Gruppe reduziert Spielen Aggressionen, soziale Bindungen werden enger geknüpft, und es ist auch Teil des Fortpflanzungsreigens. Bevor Hunde sich paaren, spielen sie miteinander, nach dem Motto: Was sich liebt, das neckt sich. Das Spielverhalten ist zudem ein wichtiger Indikator für die Befindlichkeit innerhalb eines Rudels, einer Gemeinschaft: Gespielt wird nur in entspannter Atmosphäre, wenn weder Mangel noch Stress herrschen. Spielerisch wird die Mobilität gefördert, Kräfte werden gemessen, Selbstbewusstsein wird aufgebaut. Kein Wunder, dass Spielen zu den Grundbedürfnissen eines Hundes zählt.

Doch nicht alle Hunde spielen gleich gern. Je nach Rasse, Alter, Sozialisation und Erfahrung ist die ganze Bandbreite vertreten, vom leidenschaftlichen Spieler bis zum Spielmuffel. Junge Hunde spielen in der Regel mit Begeisterung. Wenn die Begeisterung im Alter von zwei, drei Jahren abflaut, sind ihre Besitzer oft traurig. Aber es gibt auch Hunde, die spielen bis ins hohe Alter. Viele setzen bei der Aufforderung zum Spiel ein ganz typisches Gesicht auf, das sogenannte Spielgesicht. Die Mundwinkel sind weit nach hinten oben gezogen, die Zunge ist sichtbar, als würden die Hunde lachen, die Augen sind aufgerissen und die Ohren nach hinten geklappt. Auch eine Tiefstellung des Vorderkörpers und das Herumhopsen fordern zum Spiel auf.

Es macht gute Laune, spielenden Hunden – beide Geschlechter spielen gleich gern – zuzusehen, solange es fair zugeht. Und man kann sich ruhig mal vom Spielverhalten des Hundes anstecken lassen, womit man ja gleich mehrere Grundbedürfnisse erfüllt. Spiel vertieft die Bindung, der Hund ist beschäftigt, und er bewegt sich. Allein für die Ruhe danach müssen wir dann noch sorgen. Wie gern Hunde spielen, hängt nicht zuletzt von ihrer Persönlichkeit und Kontaktfreudigkeit ab.

Ich vergleiche das mit einer Party, bei der sich die wenigsten Gäste kennen. Da kommen trotzdem manche herein und rufen in die Runde: »Servus, ich bin der Kurt.« Ohne gefragt worden zu sein, erzählen sie von sich, sie können das Eis brechen, sie können einem aber auch ganz schön auf die Nerven fallen. Andere wiederum bleiben die erste Hälfte des Abends in einer Ecke stehen, wo sie sich an einem Glas festhalten, bis sie allmählich auftauen und sich dann in der zweiten Hälfte des Abends als außerordentlich interessante und charmante Gesprächspartner entpuppen. Manche sind schüchtern, andere aufdringlich, einige sind laut, andere leise, es gibt sensible und grobschlächtige. Und genauso ist es bei Hunden.

Der stürmische Spieler ist begeistert, wenn er einen Artgenossen trifft, und versucht sofort alles, um ihn zu einem Spielchen zu überreden. Will sein Gegenüber nicht, wird es zur Not so lange bespielt, bis es einsieht, dass Spielen toll ist. Diese Erfolge trösten den stürmischen Spieler über die Abfuhren hinweg, die er durchaus kassieren kann. Doch die Freude am Spiel überwiegt, und weil diese Hunde so motivierend sind, gelingt es ihnen oft, andere mitzureißen, die normalerweise nicht spielen. Trifft ein stürmischer Vierbeiner auf seinesgleichen, zischen die beiden durch den siebten Hundehimmel.

Der Rüpel spielt ebenso gern wie der Stürmische, allerdings fehlt ihm das rechte Maß. Dieser gesellige Kerl ist eher grob in seiner Aufforderung zum Spiel. Seine Besitzer wundern sich vielleicht, weil er so viele Abfuhren kassiert, aber seine Anträge werden von anderen Hunden nun mal als distanzlos wahrgenommen.

Der Schüchterne möchte schon gern, braucht aber Zeit zum Warmwerden und Vertrauenfassen. Er schaut sich die Sache erst einmal an – und wenn er Glück hat und ein Stürmischer ihn mitzieht, vergisst er seine Scheu ein wenig schneller. Solch ein Hund hat Pech, wenn sein Besitzer sein Zögern falsch interpretiert und glaubt, der Hunde wolle nicht spielen, und vielleicht weitergeht. Besser wäre es, der Mensch würde seinem Hund die Zeit geben, die dieser benötigt, um warmzuwerden. Es kommt auch immer darauf an, wer gerade im Angebot ist. Nicht alle Hunde können gut miteinander spielen. Wie bei uns Menschen wird es umso schöner, je besser der Partner passt. Der Hund, der am liebsten Häschen spielt und gejagt wird, wünscht sich einen Jäger. Treffen zwei Häschen aufeinander, kommt das Spiel nicht in Gang.

Manche Hunde haben kein Interesse am Spiel mit anderen Hunden. Nichtspieler soll man dann auch lassen und es akzeptieren. Allerdings sollte man ausschließen, dass Spiel-Unfreude an Schmerzen liegt.

Manchmal erkennen Hundehalter nicht, dass ihr Gefährte überfordert ist, und finden Situationen lustig, die ihren Hund verzweifeln lassen. Es ist zuweilen geradezu bestürzend, wie wenig manche Hundehalter von den Emotionen ihres Hundes mitbekommen. Wenn ein Hund panisch über die Wiese hetzt, hinter sich zwei andere, hat er keine Riesengaudi, sondern fürchtet sich und muss von seinem Besitzer aus dieser Notlage gerettet werden. Häufiger ist der umgekehrte Fall: Ein Spiel ist im allerschönsten Gange, es wird geknurrt und gerannt – und dann wird abgebrochen, weil die Menschen glauben, Aggressionen zu erkennen. Dabei war es nur ein tolles Spiel unter Hunden, die sich gut kennen. Je vertrauter Hunde miteinander sind, desto wilder mutet ihr Spiel an. Man kennt sich, man kann sich einschätzen, man wagt es, was zu riskieren. Bei Neulingen checkt man vorsichtiger ab, wie weit man gehen kann, wie weit der andere geht. Das muss man erst noch herausfinden.

Meiner Erfahrung nach sehen viele Hundehalter es sehr gern, wenn ihre Hunde spielen – aus dem bekannten Grund, dass der Hund so schön müde wird. Aber wenn ein Hund zu viel mit anderen Hunden spielt, verliert er den Kontakt zu seinem Halter. Davon abgesehen ist Spielen kein Ersatz für einen Spaziergang und schafft allein noch lange keine Dog-Life-Balance.

Als Hundehalter sollten Sie wissen, zu welchem Spieltyp Ihr Hund gehört, und ihn dementsprechend unterstützen – den Ruppigen besänftigen, den Schüchternen bestärken und beim Nichtspieler vielleicht noch einmal überprüfen, ob sein Desinteresse daran liegen könnte, dass er noch keinen optimalen Spielkameraden gefunden oder dass er Schmerzen hat.

Spielsüchtig

Pepper war, es wunderte mich nicht, der liebste und bravste Hund der Welt. Einzig der Rückruf klappte bei dem Labradoodle nicht so richtig. »Also, ehrlich gesagt überhaupt nicht«, verbesserte sich Frau Reichel, eine Mittzwanzigerin, die sichtlich stolz auf ihren tollen Pepper war und mehrere Minuten lang aufzählte, was er alles wie super konnte. Manchmal kommt es mir so vor, als würden Hundehalter das brauchen, um danach mit den Mankos herauszurücken. »Ich war schon bei einer anderen Hundetrainerin, und die hat mir gesagt, ich müsste ihn an die Leine nehmen«, vertraute Frau Reichel mir an. »Aber das will ich nicht. Ich habe doch keinen Hund, damit er an der Leine läuft.«

»Nun, manchmal muss ein Hund schon an die Leine. Es gibt Gebiete, da herrscht Leinenpflicht«, entgegnete ich.

»Ja, sicher, das sehe ich ein. Aber Pepper jagt nicht. Er läuft auch nicht weg. Es ist nur so, dass er halt nicht kommt.«

»Haben Sie es schon mal mit einer Schleppleine versucht?«, fragte ich.

»Ja, auch. Aber das ist zu gefährlich, weil er sich beim Spielen verheddern könnte. Das will ich nicht riskieren. Wie gesagt, Pepper folgt perfekt, nur der Abruf aus dem Spiel funktioniert nicht.«

»Ach, das Problem taucht nur beim Spielen auf?«

Frau Reichel zögerte »Ja, schon… aber er spielt ja eigentlich meistens.«

»Wie das?«, erkundigte ich mich.

»Ich wohne sehr privilegiert am Rand einer Hundewiese.

Von meinem Fenster aus sehe ich, wann welche Spielkameraden von Pepper vor Ort sind. So kann ich jederzeit raus und ihn spielen lassen.«

So etwas hörte ich nicht zum ersten Mal. Es gibt Hundehalter, die sind regelrecht erpicht darauf, andere Hundehalter zu treffen, um, na, Sie wissen schon, die Hunde müde zu machen. Manchmal kommt es sogar zu unfreundlichen Bemerkungen, wenn ein Hund nicht spielen möchte, was seinem Halter angekreidet wird, der dann genauso wie sein Hund als Langweiler gilt, weil er die Pläne das anderen Halters vereitelt: Die Hunde könnten toben, um sich fertigzumachen. Manche nennen das »leer machen«. Der Akku des Hundes – oder der ganze Hund? – ist voll und muss entladen werden.

Ich glaube, dass man mit so einer Einstellung zum Hund sehr viel Schönes in der Begegnung mit dem Vierbeiner unterbindet. Denn was hat man von seinem Hund, wenn der sich nur mit Artgenossen auf der Spielwiese vergnügt? Man darf auch nicht vergessen, dass man sich dem Hund sozusagen selbst entzieht. Der Hund erkennt in seinem Menschen keinen Gefährten und Spielkameraden, sondern einen Bringdienst, der ihn dahin begleitet, wo es toll ist.

Natürlich ist es schön, wenn man hin und wieder andere Mensch-Hund-Gespanne trifft und die Hunde spielen. Man kann sich auch gezielt verabreden, solange sich die Hunde gut verstehen. Und die Menschen sollen sich auch gut leiden können. Leider sieht die Realität häufig so aus, dass einige Hundehalter viel Lebenszeit miteinander verbringen und sich doch insgeheim übereinander lustig machen. Aber die Hunde spielen so schön, und danach sind sie müde, was auch für Frau Reichel ein Kriterium war, weil sie von zu Hause aus als Werbetexterin arbeitete und sich stark konzentrieren musste. »Da kann ich keinen Hund gebrauchen, der unruhig ist.«

Nun, sie hatte Glück, dass Pepper nach dem Spielen schlief. Doch das könnte sich ändern, wenn er einmal eine gewisse Schwelle überschritt, auf die er mit seinem exzessiven Spielen zusteuerte.

Verhaltensauffälligkeiten tauchen nicht urplötzlich auf, sie haben in der Regel eine Vorgeschichte, bestimmte Entwicklungen münden in Verhaltensauffälligkeiten. Leider kommen Herrchen und Frauchen oft erst zu mir, wenn sich ein solches Verhalten manifestiert hat. Besser und leichter für alle wäre es, durch die Erfüllung der Grundbedürfnisse von Anfang an Verhaltensauffälligkeiten vorzubeugen.

Pepper war sozusagen konditioniert auf andere Hunde, weil das Spielen bedeutete, und Spielen war toll. So toll, dass er während des Spiels nichts hörte und sah, schon gar nicht sein Frauchen. Auf Nachfrage erfuhr ich, dass Frau Reichel sich noch nie Gedanken darüber gemacht hatte, zu welchem Zeitpunkt sie versuchte, den spielenden Pepper abzurufen.

Es gibt in jedem Hundespiel Verschnaufpausen, in denen die Hunde wie zwischen zwei Runden im Boxring kurz innehalten, ehe es weitergeht. Das ist der Moment, den ein Hundehalter erwischen muss, um seinen Hund zurückzurufen. Jetzt besteht eine reelle Chance, dass der Hund den Ruf hört. Im Spiel wird er ihn im Eifer des Gefechts womöglich gar nicht wahrnehmen. Frau Reichel hatte es verpasst, mit dem Hund Gehorsam bei Außenreizen zu üben. In Hundeschulen gibt es hierzu viele Übungen, mit denen Hunde lernen, der Stimme ihrer Menschen auch bei hoher Ablenkung zu folgen. In Peppers Leben gab es bisher vor allem Ablenkung, und in seinem Fall wird deutlich, dass es nicht nur auf die Erfüllung eines Grundbedürfnisses ankommt – Spielen –, sondern auch auf das richtige Maß. So ist es bei allen fünf Grundbedürfnissen. Zu viel Bewegung oder Beschäftigung oder Ruhe ist genauso falsch wie zu wenig.

Spielregeln

Im Spiel zeigen Hunde ihr komplettes Verhaltensrepertoire. Sie rennen, jagen, rempeln, springen, werfen sich auf den Rücken – und wechseln dabei ständig die Rollen. Daran kann man auch erkennen, dass es ein faires Spiel und wirklich ein Spiel ist, was manchmal gar nicht so leicht zu unterscheiden ist, vor allem wenn viel gebellt und geknurrt wird. Doch eine ernsthafte Rauferei würde anders klingen. Im Spiel gibt es keine Rangordnung. Da ist jeder mal oben und unten, der Rudelchef wirft sich auf den Rücken, streckt alle viere von sich, ein Youngster zwickt ihn spielerisch, sie stupsen sich an, und schon jagt der Chef den Youngster, bis er selbst zum Hasen wird. Wenn die Rollen nicht wechseln, sollte man das Spiel abbrechen, weil es dann leicht kippen und in eine Rangelei ausarten kann. Hundehalter sollten diesbezüglich sehr wachsam sein – schon bevor manches Spiel, das dann gar keines ist, beginnt. Was landläufig für eine Aufforderung zum Spiel gehalten wird – wenn sich zwei Hunde begegnen und einer der beiden sich hinlegt und klein macht und den anderen fixiert –, ist in Wirklichkeit ein Auflauern, mit dem ein Hund abcheckt, wie er einen anderen einschüchtern kann. Im schlimmsten Fall ergreift der bedrohte Hund die Flucht und wird dann von dem lauernden gejagt. Letzterer hat einen Mordsspaß, Ersterer kann im allerschlimmsten Fall in ein Auto laufen.

Wenn man Hundehalter darauf anspricht und sie dann erwidern: »Der will doch nur spielen«, ist es manchmal schwer, die Contenance zu bewahren. Ich kann mir das nur so erklären, dass der Hund so vermenschlicht wird, dass der Blick für seine hundlichen Eigenschaften und Fähigkeiten und auch Absichten getrübt ist. Aber damit tut man seinem

Hund nichts Gutes. Und auch nicht mit Welpengruppen, in denen zu viele Hunde zusammenkommen, vor allem Hunde von unterschiedlicher Größe und Alter. Wenn der achtwöchige Chihuahua mit dem zwölfwöchigen Weimaraner spielt und dieser im Überschwang auf ihn draufspringt, ist die Verletzungsgefahr hoch. Deshalb mein Tipp: Wählen Sie Ihre Spielgruppe und vor allem die Welpengruppe so aus, dass die Hunde nach Kraft und Größe zusammenpassen. Was nicht heißt, dass Hunde unterschiedlicher Größe nicht miteinander bekannt gemacht werden sollten. Nur eben kontrolliert und so, dass keiner darunter leidet. Und die Gruppen sollen klein sein – bei Welpengruppen sollten sie maximal aus sechs Teilnehmern bestehen.

Der mit dem Hund spielt

Früher warnte man Hundehalter davor, sich im Spiel auf die Ebene des Hundes »herabzulassen«. Der Mensch solle alle Spiele vermeiden, die Hunde untereinander treiben. Er solle nicht um die Wette rennen, da der Mensch verlieren würde und das seinen Status schmälern oder ihn zur Beute machen würde. Er solle dem Hund kein Spielzeug geben, das quietscht, denn das würde den Tötungstrieb des Hundes wecken. Und auf keinen Fall solle er Zerrspiele mit dem Hund machen oder wenn, dann immer darauf achten, dass er gewinne – mit einem *Aus*-Befehl –, da der Hund sonst begreifen könne, dass er stärker sei als der Mensch, was Aggressivität fördere. Auf keinen Fall solle man auf dem Boden mit dem Hund herumkugeln. Hundehalter sollten Spielzeug benutzen, wenn sie mit ihrem Hund spielten, und dieses auch verwahren. Der Hund dürfe keinesfalls freien Zugriff auf sein Spielzeug haben; auch so zeige man ihm deutlich, wo oben und unten sei.

Von all diesen Märchen können Sie sich getrost verabschieden. Sie können sich im Spiel sehr wohl mit dem Hund auf dem Boden balgen, mit ihm um die Wette rennen, sich anspringen lassen und was Ihnen noch so einfällt. Im echten Spiel wird keine Rangordnung verhandelt, ganz im Gegenteil: Es stärkt das Vertrauen und die Bindung. Dass Sie das Spiel abbrechen, wenn es Ihnen zu grob wird, versteht sich von selbst. Hunde lernen schnell, wo die Grenze verläuft, und richten sich danach – schließlich ist das Spielen mit Herrchen und Frauchen so toll, dass sie es fortführen wollen. So erlernen und verfeinern Hunde auch die Beißhemmung, was nicht bedeutet, dass der Hund nicht beißt, sondern dass er weiß, wie fest er knabbern darf, ohne zu verletzen.

Zuerst lernt er das im Spiel unter seinen Geschwistern. Beißt er zu fest, jault der andere auf und beißt womöglich fester zurück. Wenn ein erwachsenes Tier im Spiel grob wird, bekommt es von Artgenossen eine deutliche Ansage, und die soll der Hund auch von seinem Herrchen oder Frauchen hören. So lernt er die Regel der Dog-Life-Balance, denn es gibt natürlich auch für ihn welche, nicht nur für seinen Menschen.

Mancher Hund ist ein wenig irritiert, wenn sein Mensch ihn plötzlich *auf dem Boden* zum Spielen auffordert, und braucht Zeit, bis er darauf reagiert. Überstürzen Sie nichts, seien Sie nicht genervt, wenn es nicht gleich funktioniert. Morgen ist auch noch ein Tag.

In einer aufschlussreichen Studie hat man Hundehalter und ihre Gefährten beobachtet und herausgefunden, dass diejenigen Hunde besser gehorchen, die weniger trainieren und mehr mit ihren Menschen spielen.

Aber gilt das auch für Balljunkies?

Herr Fürmann kam mit einem einbandagierten rechten Arm zu mir in die Praxis. Als Erstes entschuldigte er sich: Luna, seine schwarze Labradorhündin, hatte sich mit ihrer Leine an der Balustrade meines Zirkuswagens verheddert. Der Wagen steht auf meinem Grundstück, und dort empfange ich Kunden und führe Anamnesegespräche.

»Ich bin ja Rechtshänder. Links habe ich quasi keine Kraft. Und da bin ich auch ein bisschen ungeschickt.«

»Ist ja nichts passiert«, sagte ich und half Herrn Fürmann, die Leine zu entwickeln. In meinem Büro im Zirkuswagen – diese Wortkombination gefällt mir – legte sich Luna ohne Aufforderung neben den Stuhl ihres Herrchens und schaute mich erwartungsvoll an. Damit hatten wir eine Gemeinsamkeit; ich war auch neugierig. Herr Fürmann erklärte mir, worum es ging. »Es ist nicht so, dass Luna nicht folgen würde. Sie ist ein absolut unkomplizierter Hund. Ich kann sie überallhin mitnehmen. Sie ist verträglich, quasi aggressionsfrei, immer gut gelaunt und macht uns viel Freude. Deshalb bedrückt es mich ein wenig, dass ich zurzeit«, er hob den rechten Arm leicht an, »so eingeschränkt bin und ihr in nächster Zeit wenig Vergnügen werde bieten können. Der Arzt hat mir untersagt, mit ihr zu spielen. Deshalb komme ich zu Ihnen, weil ich wissen möchte, wie ich diesen wunderbaren Hund artgerecht beschäftigen kann. Ich habe nämlich viel Schlimmes gehört, was passiert, wenn Hunde neurotisch werden. Unser Nachbar hat so ein Exemplar, der jault Tag und Nacht.«

Ich war beeindruckt. Ein Hundehalter, der mich zur Vorbeugung konsultierte! Kein Problem an diesem schönen Oktobermorgen. Wunderbar! Doch ich sollte mich täuschen. Der dicke Hund würde schon bald um die Ecke biegen.

»Was haben Sie denn bisher gemacht?«, erkundigte ich mich und erwartete, das Übliche zu hören, wenn ich einen ausgeglichen wirkenden Labrador wie Luna vor mir hatte – Dummytraining, Fährtenarbeit, Jagdbegleitung. Doch Herr Fürmann erzählte mir etwas anderes. »Ich gehe jeden Tag mit Luna auf die große Wiese zum Ballspielen. Da habe ich so eine Wurfschleuder, das ist sehr praktisch, weil ich den Ball damit extrem weit werfen kann. Zu Hause im Garten haben wir eine Ballwurfmaschine, da kann die Luna dann nach eigenem Gutdünken weiterspielen.« Herr Fürmann beugte sich vor. »Sie ist ja quasi unermüdlich. Das liegt in der Rasse, nicht wahr, die sind doch sehr konzentriert und arbeitswillig und verfolgen ihre Ziele beharrlich.«

»Wie lang arbeitet Luna denn täglich an der Ballwurfmaschine?«, erkundigte ich mich.

»Stundenlang.«

»Stundenlang«, wiederholte ich, während ich den Hund betrachtete. Luna war eine bildschöne Hündin mit glänzendem Fell und wachem Blick. Wie in einer Überblendung sah ich für Sekundenbruchteile, in welche Jammergestalt sie sich verwandeln könnte, wenn Herr Fürmann nicht sofort etwas änderte. Ihre Figur würde sich zu einer Stressfigur formen. Ansätze davon waren bei dem schlanken Hund mit der starken Muskulatur bereits jetzt sichtbar. Ein schlanker Labrador ist ja ohnehin eine eher seltene Erscheinung. Die vollendete Stressfigur zeigt sich mager mit stark ausgeprägter Muskulatur an den Hinterläufen und im Schulterbereich, das Fell ist stumpf, der Blick hektisch, und um die Augen zeugen wulstige Ringe von der tiefen Erschöpfung. Manche dieser Hunde erhalten die zweifache Futtermenge. Ich kenne einen Hund, der bekam zweieinhalbmal mehr Futter, als die Empfehlung lautete – und er war unterernährt, aus Nervosität konnte er nichts ansetzen.

Videos von Hunden, die sich an Ballmaschinen abarbeiten, kann man auf *YouTube* zu Tausenden sehen. Diese bedauernswerten Geschöpfe tun den ganzen Tag nichts anderes, als einen Ball zu apportieren, den die Ballmaschine weggeschleudert hat. Sie legen ihn in die Schleudermulde und lösen den Mechanismus aus. Ihre Halter sind begeistert ob dieser Intelligenzleistung, filmen und posten mit Feuereifer, und es wird Hunderttausende Male geteilt. Aber das ist nichts zum Liken, eher zum Heulen. Wer hilft den Hunden und auch den Haltern? Sie sollten ihre Intuition und ihr Mitgefühl einschalten und erkennen, dass der Hund nur noch auf dieses Gerät fixiert ist: Er ist süchtig. Sein Leben, das ihm so viel Schönes bieten könnte, ist reduziert auf eine Maschine. Was für ein Hundeleben, im Wortsinn.

Tragisch ist es, wenn Hundehalter glauben, sie täten dem Hund mit solchem Spielzeug etwas Gutes. Die Ballmaschine ist gefährlich, auch wenn manche Hunde ohne negative Folgen damit spielen können – in Maßen, vielleicht ein Mal in der Woche. Bei anderen reicht das dreimalige Betätigen des Auslösers, um sie anzufixen. Hier ist der Hundehalter gefragt. Er muss sich emotional auf den Hund einlassen. Er muss wissen und die Verantwortung dafür tragen, dass er im Team der Große ist. Und er muss eingreifen und das Leid beenden, das so spielerisch begann. Aber so ist es nun mal bei Süchten. Und auch Luna war eine Süchtige. Herr Fürmann erzählte mir, wie unglaublich schnell Luna dem Ball hinterherspurte, gerade wenn er die Ballschleuder benutzte. Wie glücklich sie dabei sei und dass sie auch immer länger spielen wolle. Aber leider sei er ja im Moment eingeschränkt. Wieder hob er seinen bandagierten rechten Arm.

»Man kann den Hund auch anders beschäftigen«, sagte ich.

»Deshalb bin ich hier. Weil ich eben wegen der Schleimbeutelentzündung nicht mehr werfen kann. Keinen Ball, keine Tannenzapfen, die liebt sie auch, keine Stöcke. Ich wollte ja zuerst mit links werfen, aber mein Arzt hat gemeint, dann hätte ich links dasselbe wie rechts, und zwar ziemlich schnell, weil meine linke Seite die ungeübte ist, und die brauche ich jetzt für alles, was ich nicht mit rechts machen kann. Meine Frau will nicht werfen. Sie findet das albern. Und die Wurfmaschine allein ist keine Lösung. Haben Sie Tipps für mich? Was meinen Sie?« Erwartungsvoll schaute er mich an.

»Herr Fürmann, ich muss Ihnen leider mitteilen, dass Ihr Hund ein Balljunkie ist und Sie für Ihren Hund eine Wurfmaschine sind.«

Wurfmaschinen

Wurfmaschinen auf zwei Beinen laufen erschreckend viele herum. Die meisten haben sich ihr Leben als Hundehalter anders vorgestellt und sind aus Unwissenheit reingerutscht. Denn es war doch am Anfang so toll, wie der Hund den Ball, den Stock, was auch immer apportierte. Doch eines Tages mussten diese bemitleidenswerten Menschen feststellen, dass ihre Hunde, mit denen sie abwechslungsreiche Spaziergänge unternehmen wollten – oder spielen, Gehorsamkeitsübungen, was auch immer –, sich lediglich für ihre Droge interessierten. Der Hund fixierte nur noch den Ball, der Augenkontakt zum Menschen brach ab. Oft wird dieses Alarmsignal übersehen, Herrchen und Frauchen spielen weiter. Denn ist es nicht toll, wie viel Spaß der Hund hat? Der wiederum findet immer neue Wege, seine Halter dazu zu bringen, den Ball doch zu werfen, auch wenn es denen längst zu viel ist. Er legt ihn vor die Füße, gibt ihn in die Hände, schleudert ihn auf den Schoß. Und dann wirft man eben doch wieder. Aber jeder Wurf verschlimmert die Situation. Das Spiel ist zwanghaft, der Hund gerät in Not, wenn er den Ball

nicht kriegt, weil der Ball beziehungsweise das Hinterher-
spurten und Fangen so tolle Gefühle in ihm auslöst. Die will
er haben, und nur die und mehr davon. Wenn der Hund dem
Ball hinterherhetzt, schüttet sein Gehirn Dopamin aus –
davon kann er gar nicht genug kriegen: Je schneller, je wilder,
je weiter, je toller, desto besser. Der Hund gerät in einen
Rauschzustand. Er verspürt keinen Schmerz, keine Erschöpfung, im Gegenteil: Seine Reaktionsfähigkeit wird beschleu-
nigt, er könnte laufen und jagen und springen, bis er zusam-
menbricht. Und manchmal geschieht das auch.

Viele Hunde haben keine innere Instanz, die sagt: Hey,
Sportsfreund, leg mal 'ne Pause ein. Die fragt: Du willst doch
morgen auch noch was Leckeres zu essen kriegen, oder? Die
warnt: Wenn du so weitermachst, kriegst du ganz schlimm
Arthrose. Das ist eine der Aufgaben, die allein dem Menschen
zukommen im Hund-Mensch-Team. Und der Mensch hat
auch etwas davon. Es ist nämlich kein schönes Gefühl, wenn
der Hund, wann immer er ein Kind sieht, das einen Kiesel-
stein auf der Erde berührt, oder einen Menschen, der sich den
Schnürsenkel zubindet, darauf zustürmt in der Erwartung,
dieser Zweibeiner würde jetzt gleich etwas werfen. Wenn der
Hund überhaupt Zweibeiner sieht, nicht nur noch Wurfmaschinen. Was ja auch einiges aussagt über die Bindung eines
solchen Hundes an seinen Menschen. Lebt er in einem Ver-
bund mit dem Menschen oder mit dem Ball?

Am Ende der manchmal langen, manchmal kurzen Entwicklung zum Balljunkie reicht diese Droge nicht mehr. Der
Hund braucht zusätzliche Kicks, um seinen Bedarf zu stillen.
Er jagt Radfahrer und Jogger oder alles, was sich bewegt. Je
nach Rasse und persönlicher Geschichte des Hundes ist er
mehr oder weniger anfällig, wird kürzer oder schneller abhängig. Wenn man einen Hund hält, der eine Affinität zum
Balljunkie hat – Luna als Labrador war geradezu prädestiniert,

da diese Rasse zu den Apportierhunden zählt –, sollte man besonders aufmerksam sein. Das bedeutet nicht, dass der Hund nie Ball oder Frisbee spielen darf, doch es muss in Maßen geschehen und beim kleinsten Verdacht auf Suchtverhalten abgebrochen werden. Das merkt man auch daran, dass der Hund im Spiel ausschließlich den Ball anstarrt oder keine anderen Interessen mehr hat. Der Hundehalter soll den Ball erst werfen, wenn der Hund Augenkontakt mit dem Menschen aufgenommen und registriert hat: Ach, das ist ja gar keine Wurfmaschine, das ist ja mein Frauchen.

Wie das Leben jedes Süchtigen wird auch das Leben eines Balljunkies arm, da er alles drum herum ausblendet. Seine Menschen interessieren ihn genauso wenig wie andere Hunde, spannende Gerüche, tolle Reviere, schöne Spaziergänge. Und so wird aus dem vormals hoch gelobten intelligenten Hund, der so toll apportieren kann, ein dummer Hund, der allein *Ball* sieht, hört, riecht und versteht. Die lebendige Beziehung zwischen Mensch und Hund verändert sich zu einem Verhältnis zwischen Dealer und Junkie. Dieses zwanghafte Verhalten hinterlässt Spuren im Hundegehirn, und deshalb ist es nicht einfach, den Hund zu entwöhnen. Kalter Entzug ist keine Lösung, dem Hund muss sein Stoff, der Ball, nach und nach abtrainiert werden.

Die Ballentziehungskur

Bei einer Ballentziehungskur soll der Hund lernen, anders mit dem Ball umzugehen. Eine Umprogrammierung im Gehirn ist vonnöten. Der Ball wird nicht mehr geworfen und dann vom Hund gebracht, sondern beispielsweise versteckt. Dann darf der Hund ihn suchen. Oder man wirft den Ball, und der Hund muss sitzen bleiben, bis er das Kommando zum Bringen erhält. Das wird vielleicht nicht auf Anhieb klappen – dann hilft es, auf die Leine zu steigen und den

Hund daran zu hindern, dem fliegenden Ball hinterherzuspurten.

Fortgeschrittene Vierbeiner können, während sie dem Ball hinterherlaufen, abgerufen oder auf halber Strecke zum Sitzen aufgefordert werden. Alle diese Übungen haben das Ziel, den Teufelskreis aus Schnelligkeit und Jagdfieber zu durchbrechen. Man spricht diesbezüglich auch von Impulskontrolle. Diese ist sehr wichtig für die Dog-Life-Balance, weil der Hund dann nicht mehr jedem Außenreiz hinterherspurtet. Impulskontrolle entstresst Spaziergänge, da der Mensch seinen Hund jederzeit im Griff hat, egal ob Jogger, Radfahrer, Katzen den Weg kreuzen, denen ein Hund ohne Impulskontrolle automatisch hinterherjagen würde. Doch er kann lernen, sich zu beherrschen, und wenn er merkt, wie sehr das seinem Menschen gefällt, wird ihn das in der Regel auch motivieren, und er bleibt sogar sitzen, wenn Bälle über ihn hinwegzischen.

»Um Gottes willen!«, rief Herr Fürmann. »So etwas würde mit der Luna niemals klappen.«

»Ich glaube schon«, widersprach ich. »Sie müssen es halt mit ihr trainieren. Und nach einer Weile können Sie sogar rund um Ihren sitzenden Hund Leckerlis werfen, und Luna wird sie nicht berühren, bis Sie es erlauben.«

Herr Fürmann lacht laut auf. »Niemals! Fressen ist Lunas zweite Leidenschaft.«

»Dann haben Sie ja ein gutes Argument an der Hand, um Luna zu motivieren«, motivierte ich Herrn Fürmann. Es gibt nämlich tatsächlich Hunde, die lassen sich mit Leckerlis nicht so leicht überzeugen wie ein Labrador, der einem nicht selten auch altes Brot aus den Händen reißt.

»Und was mache ich, wenn Luna mir den Ball vor die Füße wirft, wenn sie mich zum Spielen auffordert?«, fragte Herr Fürmann.

»Dann schauen Sie weg.«

»Ich darf also nie wieder so mit ihr spielen wie bisher?«

»Im Moment nicht, nein. Aber Sie hören ja nicht prinzipiell auf mit dem Ballspielen, Sie variieren es nur. Es wäre der ganz falsche Weg, den Ball komplett aus dem Spiel zu nehmen. Es geht jetzt darum, Luna Alternativen anzubieten, andere Beschäftigungen zu finden, die ihr auch Spaß machen. Sie könnten – hier verbinden wir Apportieren und Futter – einen Futterdummy verstecken, und wenn sie ihn findet, kriegt sie etwas. Sie können sie auch zum Teil draußen füttern und ihr auf Spaziergängen kleine Aufgaben geben. Luna soll auf einen Baumstamm springen, sich draufsetzen – alles, was kein Hinterherrennen ist, empfiehlt sich als Training. Ich bin sicher, dass Sie das hinkriegen. Luna lernt schnell! Sobald sie die neuen Regeln verstanden hat, wird sie mit großer Freude dabei sein. Sie müssen aber jetzt erst einmal sehr konsequent sein, zumindest in der Übergangsphase.«

Herr Fürmann nickte nachdenklich. »Auf einmal sieht es so aus, als wäre die leidige Schleimbeutelentzündung gar nicht mal so schlecht. Ich wäre nie im Leben auf die Idee gekommen, dass ich Luna mit dem Ballspielen schade.«

Ich wies auf seinen bandagierten Arm. »Nicht nur Luna.«

Es ist schon verrückt, dass in Mensch-Hund-Teams oft beide unter einem Verhalten leiden und es dennoch nicht abstellen. Häufig geschieht so etwas aus Unwissenheit. Wenn die Dog-Life-Balance in der Waage ist, kann man sich auch über manche Tipps von sogenannten Fachleuten hinwegsetzen, die Irrtümer verbreiten, wie zum Beispiel den Ratschlag, sich als Mensch niemals auf ein vom Hund initiiertes Spiel einzulassen, weil der Hund dann glauben könne, er habe den Chefposten inne. Einzig und allein dem Menschen obliege es, den Hund zu einem Spiel aufzufordern. Versetzen Sie sich in einen Hund hinein, dessen Anfragen, Angebote, Einladungen hartnäckig abgelehnt werden. Das ist auf Dauer ganz schön frustrierend. Warum sollten wir die freundliche Aufforderung zu einem Spielchen mit unserem Hund nicht annehmen? Nicht immer, aber gelegentlich. Ich jedenfalls nehme sie an, wenn ich auch Lust auf ein Spielchen habe. Und manchmal kommt die Aufforderung sogar dann, wenn ich selbst gerade dringend eine Pause nötig habe. Zum Beispiel jetzt. Wunjo hat mich soeben daran erinnert, dass die Sonne scheint und man mal rausgehen könnte. Und wissen Sie was? Das machen wir jetzt!

Beziehung und Bindung:
Der Hund und
seine »Wahlverwandtschaft«

Als Rudeltier lebt der herren- und damenlose Hund in Sozial-verbänden mit anderen Hunden. Im Rudel stehen alle zuein-ander in Beziehung, und manche gehen auch eine Bindung ein, vergleichbar mit einer Freundschaft. Auch als Menschen stehen wir zu allen Mitmenschen und Lebewesen, mit denen wir zu tun haben, in einer Beziehung, aus der eine Bindung erwachsen kann. Insofern müssten all die Beziehungskisten unter Menschen eigentlich Bindungskisten heißen, aber das klingt gleich so kompliziert. Wer will schon in der Liebe gebunden sein – dabei ist sie genau genommen das stärkste Bindeglied. Wenn zwei Hunde lange Zeit zusammenleben und einer stirbt, kann der Übriggebliebene in eine Depres-sion rutschen und innerhalb weniger Tage so viel Gewicht ver-lieren, dass es lebensbedrohlich ist. Auch daran kann man sehen, wie tief die Bindungen der Hunde sind. Dass Hunde Emotionen und Zuneigung empfinden können, wird heute kaum mehr jemand infrage stellen.

Beziehungen und auch Bindungen wollen gepflegt werden. Menschen tun das häufig durch kleine Geschenke und große Worte, und wir zelebrieren auch Rituale – wie Hunde, die sich begrüßen, miteinander spielen, gemeinsam die Umgebung erkunden und Herausforderungen meistern. Das alles stärkt die Bindung. Man hat beobachtet, dass ein Hund einem anderen in einer Notlage beisteht, bei ihm bleibt, wenn er verletzt ist, auch wenn das Rudel fortläuft. Freunde lassen einander nicht im Stich. In Afrika habe ich einige Male gesehen, wie unser Schäferhund einer Straßenhündin, die in einer Höhle am Ende unseres Gartens lebte, Knochen mit Fleischresten brachte.

Hunde sind sehr aufeinander bezogen und ihrer Natur nach an einem friedlichen Miteinander interessiert. Die Voraussetzung dafür bilden harmonische Beziehungen innerhalb des Rudels. Es gibt zwar Anführer, diese »herrschen« aber meistens mild und freundlich. In Hunderudeln beobachtet man deutlich mehr spontane Unterwürfigkeitsgesten von rangniederen Tieren, als dass der Boss diese durch Imponiergehabe einfordern würde. Sein Team stärkt ihn, er muss seine Autorität nicht beweisen. Ausgeglichenheit ist sehr wichtig für das Rudel, weil Streitigkeiten in der Gruppe die Gemeinschaft nach außen schwächen. Harmonie ist ein genetisches Programm bei Hunden, sie sichert das Überleben.

Allerdings gibt es nicht nur Friede, Freude, Eierkuchen im Rudel. In der Paarungszeit herrscht dicke Luft, weil die Hunde dann untereinander in Konkurrenz stehen. Und auch wenn die Jugend heranwächst und ihren Platz im Rudel finden muss, kommt es zu Rangeleien. Aus der Tierwelt ist allgemein bekannt, dass Beziehungen, die mit Konflikten beginnen, sehr stabil werden können: Man hat den schlimmsten Fall durchgespielt, man kann sich einschätzen, jetzt kann Vertrauen wachsen.

Da wir heute nicht mit unseren Hunden in festen Gruppen leben und viele ihre Gassistrecken, also Reviere, mit Artgenossen teilen, kann es hin und wieder zu Konflikten kommen. Hier ist der Teampartner Mensch gefragt. Wann braucht Ihr Hund Schutz? Sobald Sie merken, dass er auffallend schüchtern ist und/oder oft von anderen gejagt wird, sollten Sie ihn unterstützen. Zum Beispiel, indem Sie sich bei einer Hundebegegnung vor ihn stellen. Oder einen ausweichenden Bogen mit ihm laufen. Das kennen wir als Menschen ja auch, wenn wir etwas Unangenehmem aus dem Weg gehen. Bei Ihrem Hund punkten Sie damit, er nimmt Sie als souveräne Führungspersönlichkeit wahr, die kein leichtfertiges Risiko eingeht.

Wo Hunde einen guten Platz haben

Ob Mensch oder Hund: Ohne Vertrauen geht nichts. Und da die gute Beziehung und Bindung zum Rudel, das stellvertretend der Mensch darstellt, für den Hund zu den Grundbedürfnissen zählt, bildet das Vertrauen die Basis der Dog-Life-Balance. Wenn wir das Vertrauen eines Hundes gewinnen möchten, sollten wir uns verhalten, als wollten wir das Vertrauen eines Menschen gewinnen. Wir können Vertrauen nicht kaufen, auch nicht mit Leckerlis. Wir können es auch nicht erzwingen und schon gar nicht mit rationalen Argumenten herbeireden. Vertrautheit ist ein Gefühl, das eine vorbehaltlose und wohlwollende Beziehung zwischen zwei Lebewesen ausdrückt. Es entsteht nicht von heute auf morgen. Es entwickelt sich nach und nach und baut auf Erfahrungen, Erlebnissen und Einstellungen auf. Wir vertrauen den Menschen, bei denen wir spüren, dass sie uns wohlgesinnt sind, die uns akzeptieren, wie wir sind. Ein Hund würde wohl sagen, er hat einen guten Platz, wenn er das Verhalten seines zuverlässigen Menschen, der ihm Schutz gewährt, berechnen kann, wenn er gut genährt wird, tolle Sachen erlebt, seine Grenzen klar sind und er genügend Zuwendung erfährt.

Berechenbarkeit

Das Verhalten des Menschen muss für den Hund berechenbar sein. Das klappt aber nur, wenn wir unser Verhalten nicht dauernd ändern, indem wir beispielsweise den Hund für denselben unerwünschten Sachverhalt einmal schelten und ein anderes Mal ignorieren oder gar loben.

Wutausbrüche, cholerisches Verhalten, unverhältnismäßiges Strafen oder exaltierte Liebesbekundungen stressen Hunde. Sie fühlen sich am wohlsten in einem konstanten Stimmungsfeld.

Schutz

Lassen Sie Ihren Hund nicht allein, wenn er in einer unangenehmen Situation ist. Sie kennen ihn sicher gut genug, um das beurteilen zu können. Man muss einem Hund keine Mutproben abverlangen. Besser ist es, sein Schutzbedürfnis wahrzunehmen und ihm loyal zur Seite zu stehen. Dies ist ein wichtiger Baustein einer guten Bindung und festigt sie. Es gibt Hunde, die fühlen sich einfach sicherer, wenn sie in einer ungewohnten Umgebung erst mal an der Leine bleiben – nah bei ihrem vertrauten Menschen. Das fängt schon im Welpenalter an, wenn wir die Kleinen vor den vielen »Oh« und »Ah« beschützen, mit denen fremde Passanten sie überschütten – und jeder will mal knuddeln. Es gibt Hunde, die genießen das, es gibt aber auch welche, die sind total überfordert von den vielen Händen, die ständig an ihnen herumtätscheln. Setzen Sie hier Grenzen und schützen Sie Ihren Hund vor diesen Übergriffen, die ihn sehr stressen können. Einem Kind würde man so etwas auch nicht zumuten, und wenn doch, würde es irgendwann schreien – um Hilfe! Hunde bleiben stumm.

Zuverlässigkeit

Ich habe tiefes Mitgefühl mit Hunden, die ständig herumgereicht werden, weil keiner Zeit für sie hat. In ein aktives Berufsleben mit wenig Muße für das Tier passt kein Hund. Wer sich einen Hund anschafft, sollte ihm auch ein zuverlässiger Partner sein können. Das bedeutet nicht, dass jeder Tag gleich verlaufen muss. Aber der Hund soll spüren, dass sein Mensch zuverlässig ist. Im Alltag haben sich Rituale bewährt, die dem Hund Konstanz vermitteln. Hier helfen auch Redewendungen, die man bei den entsprechenden Gelegenheiten wiederholt. Sobald ich beispielsweise das Haus ohne die Hunde verlassen möchte, sage ich: »Kurz warten.« Wenn sie das hören, bleiben sie liegen, auch wenn ich dann den Schlüssel zur Hand nehme – eigentlich das Startsignal für einen gemeinsamen Spaziergang.

Ernährung

Eine gute Ernährung des Hundes ist wichtig für seine Gesundheit. Je nach Alter, Größe und Aktivität sollte er artgerecht gefüttert werden. Wer zwischendurch gern Leckerlis gibt, zieht sie von der Tagesmenge ab. Die gute Ernährung setzt sich fort in der Art, wie sie verabreicht wird. Falsch ist es, den Hund ausschließlich aus der Hand zu füttern oder ihm nur einen Futterball zu geben, bei dem er sich sein Futter erarbeiten muss, oder ihn nur draußen zu füttern. Das kann zwar in manchen Situationen zu Übungszwecken oder zum Vertrauensaufbau sinnvoll sein. Aber bitte stellen Sie Ihrem Hund auch ein- bis zweimal täglich einen Napf mit Futter hin – einfach essen!

Zu fatalen Folgen kann der Tipp führen, den Hund hungern zu lassen, damit er besser gehorche oder im Training mitarbeite. Ein Hund kann sehr lange ohne Futter auskommen. Der Organismus stellt um auf Sparflamme und braucht dann auch nicht mehr viel. Das kann allerdings die Gesundheit beeinträchtigen.

Erlebnisdichte

Jeden Tag dieselbe Gassirunde – das findet ein Hund langweilig. Er möchte interessante Reviere erkunden und dabei je nach seiner Veranlagung mit seinem Menschen spielen, arbeiten, beschäftigt sein. Das schweißt zusammen wie gemeinsame Aktivitäten in der Hundeschule. Neues und Vertrautes sollten allerdings in einem ausgewogenen Verhältnis stehen. Was für Ihren Hund anregend ist, überfordert einen anderen, und ein dritter langweilt sich bereits. Finden Sie heraus, was Ihren Hund erfreut.

Grenzen

Konsequente Grenzen geben Sicherheit, die Umwelt wird berechenbarer für den Hund. Das erleichtert ihm die Einschätzung von Situationen und stärkt ihn mental.

Zuwendung

Zuwendung bedeutet nicht nur kuscheln. Das mögen auch nicht alle Hunde, wenngleich manche Schmuser nichts schöner finden als engen Körperkontakt und Kraulen bis zum K.o. Mit Zuwendung ist auch gemeint, sich dem Hund so zu widmen, wie er es gernhat. Also den Kuschelweltmeister nicht ständig zurückweisen, mit dem Kletterspezialisten, der so gern auf Baumstämmen läuft, durch den Wald wandern, den Liebhaber von Gerüchen aller Art schnuppern lassen und sich von einem Apportierhund etwas bringen lassen – kurz: sich dem Hund zuwenden, indem man seine Vorlieben berücksichtigt.

Ein Hundekenner sieht, ob ein Hund sich bei seinem Menschen wohlfühlt. Dann läuft er leicht und frei, die Rute, falls vorhanden, schwingt entspannt, er macht einen unbeschwerten Eindruck. Hin und wieder hebt er den Kopf, sucht Blickkontakt zu seinem Menschen; manche Hunde sehen dabei aus, als würden sie grinsen. Schön ist das Leben, schön ist es hier draußen mit dir. Der Hund entfernt sich nicht allzu weit von seinem Menschen, eine unsichtbare Leine scheint die beiden zu verbinden. Und wenn er gerufen wird, kommt er. Er erwartet ja nichts Unangenehmes von seinem Menschen, ganz im Gegenteil: An seiner Seite ist der tollste Platz auf der ganzen Welt. Da gibt es was zu essen, Spiel und Spaß, Sicherheit, Herausforderungen, Abwechslung und Streicheleinheiten, kurz: alles, was ein unbeschwertes Hundeleben ausmacht.

Ob ein Hund seinem Menschen vertraut, sieht man ganz deutlich an seiner Reaktion bei Gefahr. Sucht er Schutz bei seinem Menschen? Dann stimmt die Beziehung. Sucht er das Weite, sollte man nachbessern. Ein Hund, der sich erschreckt – vielleicht wegen eines lauten Geräusches oder weil er in einen Elektrozaun gelaufen ist oder gebissen wurde – und Pfotengeld gibt, obwohl sein Mensch in der Nähe ist, fühlt sich bei ihm nicht sicher. Er zeigt mit seinem Verhalten, dass er bezweifelt, dass sein Mensch ihm helfen kann – wie auch, wenn der Hund in ihm keine Führungspersönlichkeit erkennt. Ein Hund, der mit seinem Kummer zu Herrchen/Frauchen kommt, signalisiert: Mir ist was Schlimmes passiert. Hilf mir, beschütze mich, nimm mir das Aua weg oder tröste mich. Und genau das sollten Sie tun, und zwar richtig: Berühren Sie den Hund – am besten mit einer Hand an der Brust und einer auf dem Rücken. Zeigen Sie ihm, dass er in Sicherheit ist, klopfen oder streicheln Sie ihn nicht hektisch. Halten Sie ihn einfach ohne Druck, vergleichbar einer leichten Umarmung. So wird der Hund sich schnell beruhigen. Und dann soll er wieder seiner eigenen Wege gehen. Er weiß ja: Wenn was passiert – mein Mensch ist in der Nähe.

Ich erlebe es immer wieder, dass es für Hundehalter einem Supergau gleichkommt, wenn ihnen mitgeteilt wird, dass der Hund keine gute Bindung zu ihnen habe oder ihnen in bestimmten Situationen nicht vertraue. Sie hören dann: Mein Hund hat mich nicht lieb. Das ist aber damit nicht gemeint, sondern lediglich, dass der Hund die Strategie, für die sich sein Halter entscheidet, nicht mittragen kann. Angenommen, Sie gehen mit Ihrem frei bei Fuß laufenden Hund auf einen in den Augen Ihres Vierbeiners gefährlichen Artgenossen zu, der ebenfalls bei Fuß neben seinem Halter läuft. Von sich aus würde Ihr Hund gern einen großen Bogen schlagen. Sie aber möchten, dass der Hund frontal auf den anderen zuläuft, womit Sie schon mal gegen sämtliche Hundegesetze verstoßen, weil Hunde niemals frontal aufeinander zugehen, außer sie wollen pöbeln oder den anderen einschüchtern. Was also schließt der Hund aus Ihrem Benehmen? Herrchen/Frauchen ist auf Krawall gebürstet. Bei aller Liebe: Das will der Hund nicht. Als Hund ist er friedfertig, und das zeigt er dem Artgenossen auch: Er verlässt die Position bei Fuß, geht hinter Ihnen oder wechselt die Seite. Das hat nicht mit fehlender Zuneigung oder Bindung zu tun – Ihre Ansprüche sind mit dem inneren Sicherheitsempfinden des Hundes kollidiert. Das ist ungefähr so, wie wenn Sie mit Ihrer besten Freundin oben auf dem Kran stehen und den Bungeesprung einlösen sollen, den sie Ihnen zum Geburtstag geschenkt hat. Sie wollen es, aber Sie können nicht. Eine innere Macht hält Sie zurück. Was sagt das über die Qualität Ihrer Beziehung zu Ihrer besten Freundin aus? Nichts – genau.

Sie können den Kampf gegen dieses natürliche Verhalten aufnehmen, und vielleicht gelingt es Ihnen, Ihren Hund umzuerziehen. Sie können ihn beim nächsten Mal aber auch anleinen oder selbst einen kleinen Bogen gehen oder ihn mit viel Motivation bei Fuß halten, sodass er lernt, dass er bei Fuß sicher ist, selbst wenn er frontal auf einen potenziellen Angreifer zuläuft.

Vielleicht haben Sie einen Hund, der gerne den dicken Max macht, wenn ein anderer am Horizont auftaucht. Auch ein solcher Kandidat kann Schutz brauchen, vor allem wenn er zu jenen Hunden zählt, die gern eine pfotenfeste Rauferei anzetteln. Üben Sie mit einem solchen Rabauken kontrollierte Hundebegegnungen an der Schleppleine, oder lassen Sie ihn öfter mal an der Leine laufen, damit er nicht auf jeden zustürzt.

Um sich das Vertrauen eines Hundes zu verdienen, müssen wir ihm zeigen, dass wir stark sind und gefährliche Situationen souverän meistern. Dann kann er sich an unserer Seite entspannen. Er braucht den Chefsessel, auf den er ohnehin nicht scharf ist, nicht zu besetzen. Er überlässt uns die Führung, die wir ihm kommunizieren, indem wir ihm Grenzen aufzeigen. Sonst könnte das Missverständnis entstehen, dass der Hund glaubt, er müsse doch in den Chefsessel. Einer muss es ja tun… Aber wie gestalten wir diese Grenzen, und wie verteidigen wir sie? Mit Autorität? Oder antiautoritär? Was stärkt die Bindung des Hundes an seinen Menschen?

Unterwerfen schafft kein Vertrauen

Wo Gewalt gesät wird, kann kein Vertrauen wachsen. Leider gibt es auch heute noch Hundetrainer, die mit groben oder teilweise sogar mit dem Tierschutz unvereinbaren Maßnahmen arbeiten. Oft liegt das daran, dass sie alle Hunderassen über einen Kamm scheren und die Persönlichkeit des einzelnen nicht berücksichtigen. Doch die Erziehung eines Labradors bedarf anderer Methoden als die eines Rottweilers.

Anka war Frau Binsers erster Hund. In ihrer Hundeschule wurde viel mit Unterwerfung gearbeitet, wie sie mir erzählte. »Mein Trainer hat gesagt: Der Hund muss merken, wo oben und unten ist. Packen Sie ihn am Nackenfell, beuteln Sie ihn ein paarmal und drehen Sie ihn dann auf den Rücken. Er hat es mir auch gezeigt, und so habe ich es gemacht.«

»Wie oft?«, fragte ich erschüttert.

»Fünf- bis zehnmal am Tag.«

Das bedeutete fünf- bis zehnmal Todesangst für Anka, eine Mischlingshündin aus Griechenland, die ihre Zwangsauswanderung nach Deutschland vermutlich bitter bereute.

»Und in welchen Situationen haben Sie Anka unterworfen?«, erkundigte ich mich.

»Wenn sie nicht gefolgt hat«, sagte Frau Binser. »Wenn ich beispielsweise ›Sitz‹ gesagt habe und sie sich nicht hingesetzt hat. Wenn ich sie gerufen habe, wenn…«

Ankas Körpersprache zeigte mir deutlich, wohin diese Unterwerfung geführt hatte. Der mittelhohe Hund, vermutlich mit Golden-Retriever-Anteil, hatte kein Selbstbewusstsein, wirkte ängstlich und unglücklich. Frau Binser spürte, dass irgendetwas nicht stimmte, sie wusste aber nicht, was. Sie hatte doch alles gemacht, was der Fachmann ihr geraten hatte. Aber in den letzten Wochen war die zunächst unsichere Stimme in ihr, die warnte, dass das womöglich falsch war, immer fester geworden. Frau Binser schwante, dass sie Anka vielleicht zu hart angepackt hatte.

Ich schonte sie nicht: »Ja, das haben Sie. Unterwerfen ist ein brutales Mittel, mit dem man den Hund nachhaltig verunsichern kann. In seinen Augen sind wir dann nämlich gefährlich. Es gibt eine Vielzahl von Möglichkeiten, wie Sie einem Hund zeigen können, dass Ihnen sein Verhalten nicht gefällt. Anka ist verstört. Sie kann Ihnen im Moment nicht vertrauen, weil Sie ungewöhnlich heftig und nicht angemessen auf Kleinigkeiten reagiert haben. In einem Hunderudel würde kein Hund so behandelt. Anka kann Sie nicht einschätzen. Stellen Sie sich vor, Sie würden als Kellnerin in einem Café arbeiten. Ein Gast bestellt eine Tasse Kaffee bei Ihnen, versehentlich bringen Sie eine Tasse Kakao. Und der Gast quittiert das mit einem Kinnhaken.«

Frau Binser zuckte erschrocken zusammen. »Und das habe ich mit Anka gemacht?«, flüsterte sie betroffen. Ihre Augen glänzten feucht.

»Leider ja. Die meisten Hunde reagieren auf kleinste Zeichen der Missbilligung. Sie brauchen nicht zu schreien, nicht handgreiflich zu werden, oft reicht ein Blick, ein leiser Laut, der dem Hund signalisiert: So nicht.«

»Aber der Hundetrainer hat gesagt, ich müsste Härte zeigen, sonst würde Anka mir auf der Nase herumtanzen. Auf keinen Fall dürfte ich ihr etwas durchgehen lassen, das würde sie nur ausnutzen. Eigentlich hat er mich nur eingeschüchtert. Er hat meine Unsicherheit ausgebeutet, weil Anka mein erster Hund ist.«

Ich schwieg.

»Und was mache ich jetzt?«, fragte Frau Binser.

»Vertrauen aufbauen«, sagte ich.

Vertrauen entsteht auch durch Gemeinsamkeiten. Tolle Spaziergänge in spannenden Revieren, Spielen, Besuch einer Hundeschule oder gemeinsame Aktivitäten wie Agility oder Mantrailing oder was auch immer dem Mensch-Hund-Team Spaß macht. Kontaktliegen gehört ebenfalls zu den vertrauensbildenden Maßnahmen. Und Streicheln – das Hormon Oxytocin, das dabei ausgeschüttet wird, ist auch unter dem Namen Beziehungskleber bekannt. Begegnen Sie Ihrem Hund jederzeit wohlwollend, und vergessen Sie nicht, er ist ein Tier, und die Absicht, die Sie ihm vielleicht gelegentlich unterstellen, kann er gar nicht leisten. Und wenn Sie ihn mal ausschimpfen, weil Sie ihn in flagranti beim Himbeerenernten, Sofaliegen, Hausschuhknabbern erwischen, dann tragen Sie ihm das nicht noch stundenlang nach. Lösen Sie die ungute Situation schnell wieder auf, und zeigen Sie ihm, dass er trotzdem ein toller Hund ist.

Versöhnungsverhalten ist sehr wichtig für den Hund. Auch unter Hunden kann man das oft beobachten. Vor allem bei der Welpenerziehung im Rudel. Eine ältere Hündin, die quasi die Stellung einer Tante gegenüber dem Welpen einnimmt, beschäftigt sich mit einer Plastikflasche. Das findet der Welpe hochinteressant, läuft zur Tante, versucht sich die Flasche zu schnappen – und wird angeblafft oder sogar kurz körperlich gemaßregelt. Der Welpe erschrickt. Aber er lernt auch etwas. Nämlich, dass man nicht, ohne zu fragen, einem ranghöheren Rudelmitglied etwas wegnimmt. Dieses wiederum straft den Welpen nicht länger für sein Fehlverhalten, sondern zeigt nun, da der Welpe mit Einsicht reagiert, Versöhnungsverhalten. Die Tante schleckt dem Welpen übers Maul, sucht seine Nähe, alles ist wieder gut.

Es schadet der Beziehung, wenn Sie schlechte Stimmung länger aufrechterhalten. Der Hund weiß nach kurzer Zeit nicht mehr, warum Sie so komisch sind. Ihr Verhalten verunsichert ihn. Er kann Sie nicht einschätzen und verliert das Vertrauen in Sie, weil er ja, und da ähnelt er dem Menschen, auf diejenigen baut, deren Verhalten ihm nachvollziehbar erscheint. Nachtragendes Verhalten ist Hunden fremd, sie selbst sind es überhaupt nicht. Davon könnten wir uns eine Scheibe abschneiden. Bei Menschen bleiben leider sogar dann Rückstände, wenn eine ungute Situation eigentlich geklärt ist. Eine Beziehung hat dann sozusagen einen Knacks, und das ist meistens der Beginn ihres Endes. Wo Vertrauen fehlt, da kriselt es.

Sie sollten einen Hund auch niemals ärgern oder auslachen. Stellen Sie sich vor, es passiert ihm irgendetwas, das Sie erheitert, für ihn aber bedrohlich wirkt – er bleibt zum Beispiel mit dem Kopf in einer Schachtel stecken. Egal, wie komisch das aussehen mag, wenn Sie sich in ihn hineinversetzen, merken Sie, dass Auslachen und Foppen ebenfalls keine vertrauensbildende Maßnahme ist. In einem guten Team lässt man sich nicht im Stich.

Gerade Situationen, in denen Hunde ihren Menschen zeigen, dass sie ihnen vertrauen, berühren viele Hundehalter. Zum Beispiel, wenn ein Hund sich etwas eingetreten hat, zu seinem Menschen humpelt und die Pfote hebt: Schau mal, da stimmt was nicht. Sehen Sie sich die Pfote an, aber verstärken Sie die Verunsicherung des Hundes nicht. Nehmen Sie ihn in Schutz, ohne ihn zu bemitleiden, helfen Sie ihm und trösten Sie ihn, ja trösten. Für Trost sind die meisten Hunde sehr empfänglich, sie trösten sich auch untereinander, wie man aus Beobachtungen weiß. Aber machen Sie den Hund dabei nicht klein, schwächen Sie ihn nicht.

Besonders nach Konflikten braucht der Hund Stärkung,

damit er wieder Vertrauen finden kann. Sein Harmoniebedürfnis ist wie beschrieben ausgeprägt – und wenn er durch beschwichtigendes oder unterwürfiges Verhalten gute Stimmung herstellen will, interpretieren viele Hundehalter dies gern als Äußerung eines schlechten Gewissens. Doch das ist Menschen vorbehalten, Hunde haben kein schlechtes Gewissen. Allerdings hält sich dieser Irrglaube hartnäckig, da wir Menschen bevorzugt von uns auf andere schließen und unsere Gefühle in Hunde hineininterpretieren.

Wenn ein Hund den Ruf seines Besitzers ignoriert und mit Verspätung geduckt angeschlichen kommt, meinen manche Halter, der Hund verrate so ein schlechtes Gewissen. In Wirklichkeit reagiert der Hund auf die Körperspannung seines Menschen und dessen Stimmung, und die ist nicht besonders gut im Augenblick, da der Besitzer wütend wurde oder sich große Sorgen machte, als er drei Minuten in den Wald hineinrief und kein Hund rauskam. Wenn Frauchen morgens als Erstes den Mülleimerinhalt im Flur erspäht und als Zweites den Hund, der in Bauchlage auf sie zurobbt, hat der Hund kein schlechtes Gewissen, sondern reagiert auf den im Körper seines Frauchens ansteigenden Zorn. Hunde sind Meister darin, die Körpersprache ihrer Menschen zu lesen, und mehr noch: In einem Versuch wurde ein Hund in einen Raum gesperrt, in dem der Müll bereits ausgeleert war. Als sein Mensch den Raum betrat, verhielt sich der Hund so, als hätte er den Müll selbst ausgeleert. Er hatte kombiniert: Wenn die Sachen aus dem Eimer auf dem Boden liegen, hat Herrchen/Frauchen schlechte Stimmung. In der Hundewelt lässt das allerdings nur Fragezeichen zurück, denn was, so fragt sich der Hund, soll an Nahrungsbeschaffung falsch sein? Doch bei dieser Frage hält sich der Hund nicht lang auf, ihm ist die Harmonie wichtiger, und deshalb beschwichtigt er, zeigt sich unterwürfig, damit ganz schnell alles wieder gut ist. Der Frieden im Rudel muss wiederhergestellt werden, das ist ein genetisches Programm, das die Arterhaltung sichert.

Beziehungskiller

Bindung ist ein kontinuierlich wachsender Prozess und kann nicht erzwungen werden. Gehorsam wird leider oft durch Druck erreicht, und manche Trainer glauben sogar, es sei nötig, den Willen eines Hundes zu brechen. Allerdings zerbricht dabei auch das Vertrauen. Leider wird bei der Hundeerziehung immer noch oft mit Härte vorgegangen, was nicht nur dem Hund, sondern auch der Mensch-Hund-Beziehung schadet. Man sollte sich immer die Frage stellen, was der Hund können muss, leisten soll und wie man ihn dazu motivieren kann. Vertrauen bildet sich aus freien Stücken, man kann es nicht erzwingen. Wer zu viel Druck aufbaut, ob im Training oder im Alltag, stresst den Hund, der nicht mehr richtig denken kann, der nicht leisten kann, was er soll, der verunsichert ist, einbricht und je nach Veranlagung mit einer Verhaltensstörung reagiert. Und schon dreht sich das Stresskarussell. Der Hund ist gestresst, der Mensch auch, Hund und Mensch verlieren den Kontakt zueinander.

Wer in gutem Kontakt ist, findet andere Möglichkeiten, seine Absichten und Forderungen zu kommunizieren. Gehorsam, der mit Druck erzwungen wird, verursacht Angst, und am Ende folgt der Hund nur, um Bestrafung zu vermeiden. Das ist keine Vertrauensbasis in einem guten Team. Bei manchen Gehorsamkeitsübungen kann man durchaus nach dem Sinn fragen. Wieso soll sich der dünnfellige Hund bei strömendem Regen in die nasse Wiese legen? Weil der Hundetrainer *Platz* befiehlt? Dann wäre es der Job des Hundeführers, diesen Befehl zu verweigern und ihn nicht an seinen

Hund weiterzugeben. Oder will der Hundehalter selbst testen, ob der Hund ihm folgt? Ob der Hund etwas täte, was ihm womöglich schadet, Schmerzen bereitet – ins eiskalte Wasser springen, durch Dornen laufen. Wozu? Wieso hat ein Mensch das nötig? Wem will er beweisen, wie groß und stark er ist? Ist er sich selbst seiner Führungskompetenz unsicher und verlangt deshalb strikte Erfüllung unsinniger Befehle vom Hund? Eine vertrauensvolle Beziehung sieht anders aus. Auch ein Leithund würde so etwas niemals verlangen, denn damit würde er ja Harmonie, Gesundheit und den Zusammenhalt im Rudel gefährden. Unsinnigen Gehorsam zu exerzieren schwächt, und zwar beide. Den Hund, weil er nicht als Lebewesen behandelt wird, und den Menschen, weil er dem Hund nicht vertraut und sich selbst auch nicht.

Es gibt Hunde, die Gehorsamkeitsübungen geradezu lieben. Manche Schäferhunde gehören dazu, für die es nichts Tolleres gibt, als auf dem Hundeplatz zu zeigen, was sie können, rechts rum, links rum, Wenden in exakten Winkeln. Trotzdem kann die Beziehung zu ihrem Menschen von Vertrauen geprägt sein, weil der Hund motiviert ist, mit seinem Menschen bestimmte Prüfungen zu absolvieren. Hund und Mensch sind ein Team, beide sind stolz auf das, was sie miteinander schaffen. Wenn dem Hund vorrangig Befehle erteilt werden, damit der Mensch sich als Chef bestätigt fühlt, sieht das anders aus. Und diesen Unterschied kann ein Hund erkennen. Gehorsam um des Gehorsams willen schafft keine vertrauensvolle Beziehung. In einer harmonischen und deshalb flexiblen und dynamischen Beziehung darf der Hund seine Persönlichkeit zeigen, und auf die wird auch Rücksicht genommen. Ist es nicht viel schöner, wenn der Hund aus freien Stücken folgt und man ihm anmerkt, wie gern er bei seinem Menschen ist?

Verrückterweise wird genau das, was man mit Gehorsam

erreichen möchte, boykottiert, sobald das Vertrauen darunter leidet. Kürzlich wurde mir von einer Kundin berichtet, wie ein Hund auf dem Untersuchungstisch eines Tierarztes Platz nehmen sollte. Der Hund wollte nicht, obwohl ihn seine Halterin mehrfach aufforderte. Der Tierarzt wollte den Hund mit einem einstudierten Griff, den die Halterin als grob empfand, auf die Seite drehen. »So nicht, das geht auch anders«, unterbrach sie. Sie brauchte eine Minute, bis sich ihr Hund aus freien Stücken auf die Seite legte und sich dann vertrauensvoll auf den Rücken wenden ließ. Sie hatte ihren Hund beschützt, und der Hund spürte das. Sie kannte ihren Hund und wusste, dass es möglich war, ihn auf einem »weichen« Weg zur Mitarbeit zu überreden. In einer guten Tierarztpraxis haben Sie immer die Möglichkeit, mit Ihrem Hund zu üben, einfach mal unverbindlich vorbeizukommen, ohne dass der Hund untersucht wird. Man holt sich lediglich ein Leckerchen und ein paar Streicheleinheiten ab oder springt vielleicht mal zur Probe auf den Untersuchungstisch, alles nur zur Gaudi. Diese spielerische Herangehensweise ist im Sinne vieler Tierärzte, die es mit entspannten Hunden ja auch leichter haben. Als Hundehalter können Sie Ihren Hund von vornherein an verschiedene Untersuchungen gewöhnen: Üben Sie regelmäßig mit ihm Pfoten hochheben und anschauen lassen, die Seitenlage, zwischen die Zehen und in die Ohren schauen lassen, Zähne kontrollieren und so weiter.

Selbstverständlich soll ein Hund folgen. Auch wenn er nicht über die Schwelle der Tierarztpraxis möchte, er muss hinein. Doch das kann man auch bewerkstelligen, ohne den Hund zu zerren, anzubrüllen, zu bemitleiden und dabei gänzlich den Kontakt zu ihm zu verlieren. Wer auf blinden Gehorsam setzt, lässt keine Interaktion zu. Der Hund ist ein Individuum und kein Befehlsempfänger. Unglücklicherweise handeln gerade auch manche Hundehalter so, die sich eine lebendige Beziehung mit dem Hund wünschen, aber sie kennen keine Alternative. Sie glauben, dass die Beziehung stimmt, wenn der Hund macht, was sie wollen. Denn er ist doch ein Hund und muss gehorchen. Ja, er ist ein Hund, ja, er muss folgen, aber es ist ein Unterschied, ob er das vertrauensvoll tut oder resigniert. Und er ist ein Lebewesen, keine Maschine, die funktionieren muss. Warum soll man dem Pudel Chilli verbieten, ins Haus zu laufen, wenn im Garten der Rasenmäher angeworfen wird? Chilli mag den Rasenmäher nicht. Bevor man den Hund aus seinem Korb zerrt, in den er sich zurückgezogen hat, um ihn zum Rasenmäher-Training zu zwingen, sollte man noch mal in sich gehen und überlegen, wie wichtig das ist. Wenn man nicht gerade an einer Rasenmäher-Teststrecke wohnt, könnte man Chilli vielleicht die Entscheidung überlassen?

Man sollte den Gehorsam um des Gehorsams willen immer enttarnen und dann vermeiden, weil er Vertrauen zerstört. Es wäre aber ein Irrglaube, zu vermuten, dass das Fehlen von Regeln Vertrauen fördert. Das Gegenteil ist der Fall. Wie bei allen Grundbedürfnissen kommt es auf das rechte Maß an, und wie ich bereits ausgeführt habe, fühlt sich der Hund nur sicher, wenn er souverän geführt wird – wenn man ihm also Grenzen setzt. In einem Hunderudel gibt es keine antiautoritäre Erziehung. Aber sie ist fair.

Die Vertrauensfrage

Bindung kann auch in Abhängigkeit kippen, und dann ist dieses Grundbedürfnis nicht mehr erfüllt. Nicht wenige Hunde sind so unsicher an ihre Menschen gebunden, dass sie unter hohem Stress leiden, wenn sie allein gelassen werden. Manche Hunde können nicht allein in der Wohnung bleiben, andere ertragen es nicht, wenn Herrchen oder Frauchen auch nur das Zimmer verlässt. Sie erleiden dann Verlustangst, erleben großen Frust oder Panik. Das ist natürlich extrem stressig für die Halter, denn jeder muss mal an einen Ort, wohin man keinen Hund mitnehmen kann.

Ich rate allen Hundehaltern, ihrem Hund Beziehungen auch zu anderen Menschen zu ermöglichen. Es gibt keinen Grund, stolz darauf zu sein, wenn ein Hund sich nur bei einem einzigen Menschen wohlfühlt. *Mein Diego hängt so an mir, der kann ohne mich gar nicht leben.* Hier hat ein Halter, eine Halterin etwas versäumt. In einer Familie hat der Hund von Haus aus mehrere Bezugspersonen. Wer allein mit einem Hund lebt, sollte dafür sorgen, dass der Hund mit mindestens einer weiteren Bezugsperson vertraut ist. Denn es kann jederzeit ein Notfall eintreten, und wenn dann als Alternative nur eine Hundepension oder das Tierheim bleibt, ist das für einen Hund, der an ein und dieselbe Bezugsperson am selben Ort gewöhnt ist, doppelt schwierig. Sie tun sich und dem Hund Gutes, wenn Sie ihn für den Fall der Fälle mit einer zweiten Bezugsperson vertraut machen. Dort soll er auch ohne Sie bleiben. Hilfreich ist es, wenn er bei einem solchen Besuch seine Hundedecke oder sein Körbchen mitbekommt, das macht die Lage ein bisschen vertrauter. Letztlich soll es vollkommen normal sein, dass der Hund hin und wieder ohne Sie Zeit verbringt. Für einen entspannten Hund ist das überhaupt kein Problem. Für einen erwachsenen Hund, der das noch nicht kennt, ist es eine große Herausforderung, an die man ihn behutsam heranführen sollte.

Es ist auch eine Vertrauensfrage: Der Hund lernt, dass er nur vorübergehend woanders ist. Er wird geholt und gebracht oder abgeliefert und geholt. Das ist keine Katastrophe, sondern geschieht eben manchmal. Mein Mensch kommt immer wieder zurück. Und wenn er das tut, geht er bitte ruhig und souverän mit der Situation um. Der Hund wird beim Abholen nicht begrüßt, als hätte man sich hundert Jahre nicht gesehen, sondern ruhig und gelassen, alles ist normal. Sonst verunsichert man den Hund und bestätigt ihn darin, dass etwas nicht in Ordnung war oder ist.

Wenn Bindung zur Fessel wird

Frau Richter, eine gepflegte Endfünfzigerin in einer duftenden Parfümwolke, öffnete mir die Tür zu ihrer sehr ordentlichen Zwei-Zimmer-Gartenwohnung und bat mich herein. Ich konnte ihrer freundlichen Einladung aber leider nicht folgen, da Niki, ein achtjähriger Bolonka-Rüde, kläffend zwischen meinen Füßen herumwuselte. Vorsichtig betrat ich die Wohnung, Niki dabei ignorierend. Frau Richter musterte mich unverhohlen missbilligend und fragte dann, ob ich keine Hunde möge. Diese Frage wird mir oft gestellt – beziehungsweise nicht gestellt, denn die wenigsten Hundehalter wagen auszusprechen, was sie denken, wenn ich nicht als Erstes ihre Hunde begrüße, deretwegen ich doch gekommen bin. Frau Richters Direktheit gefiel mir. Während sie mich über weiß glänzende Fliesen an weißen Möbeln vorbei zu einer weißen Couch hinter einem Glastisch führte, wo bereits Ton in Ton gedeckt war – Tee, Kaffee, vier Kuchenstücke –, erklärte ich ihr, dass ich den Hund absichtlich nicht beachtete, damit er genug Zeit habe, sich einen Eindruck von mir zu machen.

»Das gibt's nicht!«, rief Frau Richter.

»Bitte?«, fragte ich leicht irritiert.

»Niki bellt nicht mehr! Er bellt sonst viel länger, wenn Besuch kommt.«

»Das liegt wahrscheinlich daran, dass die Besucher ihm zu viel Beachtung schenken. So etwas überfordert Hunde, weil sie dann ihrerseits keine Zeit haben, den Gast einzuordnen. Wer ist das, wie riecht der, will der hier einziehen, was sind seine Motive und so weiter. Wenn man den Hund erst mal ignoriert, hat er Zeit, den Gast zu checken, anstatt bedrängt zu werden. Außerdem signalisiert man ihm, dass man nichts von ihm will oder erwartet. Wenn sich der Besuch beispielsweise über ihn beugt und ...«

»Sie sind die Richtige«, unterbrach Frau Richter mich, obwohl mir noch nicht ganz klar war, worum es im Falle des gut frisierten schwarz-weißen Bolonkas eigentlich ging.

Frau Richter deutete energisch auf die Couch, ich nahm Platz, sie setzte sich in einen Sessel, und kaum saß sie, sprang Niki auf ihren Schoß. Aus den Augenwinkeln sah ich, dass dies nicht Nikis einziger Platz war. Überall lagen kleine Kissen, auf denen der Hund wohl auch zu ruhen pflegte. Jetzt rollte er sich auf Frauchens Schoß zusammen, behielt mich aber im Blick. Frau Richter legte mir Kuchen auf den Teller, stand dann abrupt auf, wobei Niki kurz vorher von ihrem Schoß sprang, sie eilte in die Küche und kehrte mit einem Milchkännchen zurück, nahm Platz, Niki hüpfte auf ihren Schoß, es wirkte wie eine oft geprobte Choreografie, die den beiden so geläufig war, dass sie nicht mal innehielten, um den Beifall ihres Besuchs entgegenzunehmen.

Endlich erklärte Frau Richter mir, wobei ich ihr helfen sollte. »Es ist wegen meines neuen Chefs. Er duldet keine Hunde im Büro. Mit dem kann man nicht reden. Ihm ist auch das Gewohnheitsrecht egal, ich war schon bei einem Anwalt. Er hat das Sagen, und er will keinen Hund in seiner Nähe, und ich weiß nicht, wohin mit Niki. Wissen Sie, er ist mein dritter Bolonka. Diese Hunde sind ja so entzückende Wesen und so praktisch, man kann sie überallhin mitnehmen, auch im Flugzeug, das finde ich schon wichtig, weil ich häufig nach Mallorca fliege, wo meine Tochter ein Hotel führt, und auch im Hotel keine Probleme, überhaupt keine Probleme mit meinem Niki, der ist so ein herzensguter Kerl, so klein und so ein großes Herz. Aber das will mein neuer Chef alles nicht sehen. Der sieht nur Hund und sagt Nein, obwohl ich ihm angeboten habe, dass der Niki in seiner Box bleibt – nichts!« Empört schaute sie mich an. »Dabei arbeite ich nur halbtags. Aber er sagt, wenn er Niki erlaubt, wollen auch andere Mitarbeiter Hunde mitbringen, und dann sind wir ein Tierheim und keine Steuerkanzlei. Aber mein Niki kann nicht allein bleiben. Er ist ja auch nie allein. Wir sind immer zusammen, Tag und Nacht, immer. Seit er bei mir ist, waren wir nie getrennt. Ich weiß nicht, wie sich mein neuer Chef das vorstellt. Ich brauche bloß rüber zu meiner Nachbarin zu gehen, was glauben Sie, was da los ist. Der kleine Kerl bellt das ganze Haus zusammen. Wenn ich ihn allein in der Wohnung lassen müsste, weil ich ihn nicht mehr in die Kanzlei mitnehmen kann, würde es nicht lange dauern, bis mir die Wohnung gekündigt würde, wir sind hier schließlich sechs Parteien.« Frau Richters Hand zitterte, als sie sich Kaffee nachschenkte. »Er muss einfach lernen, dass er allein bleibt, das muss mein Niki lernen, gell, du kleiner Pascha, du?« Der Hund auf ihrem Schoß schaute sie aufmerksam an. Und dann brach Frau Richters Verzweiflung heraus. »Ich kann meinen Niki doch nicht im Stich lassen, bloß weil der neue Chef eine so eiskalte Ellenbogenheuschrecke ist!«

Interessante Gattung, fuhr es mir durch den Kopf. Dann brachte ich Frau Richter zurück auf den Boden der Tatsachen. »Lassen Sie uns doch erst einmal schauen, was der Niki dazu sagt.«

»Der will nicht allein sein.«

»Das wissen Sie doch gar nicht, wenn Sie es nie richtig versucht haben.«

»Aber wenn ich doch nur kurz bei meiner Nachbarin bin

und er dann hechelt und sich kaum mehr beruhigt...er gerät regelrecht in Panik.«

Und sein Frauchen auch, dachte ich, denn ich hatte den Eindruck, dass zwischen Niki und Frau Richter eine starke Abhängigkeitsbeziehung bestand. Doch ich musste herausfinden, ob zusätzlich noch ein Kontrollverhalten des Hundes mit hineinspielte. Manche Hunde sind regelrechte Kontrollfreaks und überprüfen jeden Schritt ihrer Besitzer, was von denen häufig als Treue oder Anhänglichkeit interpretiert wird. In Wirklichkeit ist es Kontrolle, und wenn der Besitzer sich vom Hund entfernt, erleidet dieser einen Kontrollverlust, auf den er sogar mit einer Panikattacke reagieren kann. Einen Kontrollhund würde ich anders behandeln als einen in einer Abhängigkeitsbeziehung oder einen mit allgemeinen Ängsten oder spezifischer Furcht.

Ich fragte Frau Richter nach ihrem Alltag mit Niki und erfuhr viel Gutes. Sie ging viermal täglich zwischen fünfzehn und fünfundvierzig Minuten mit dem Hund Gassi, spielte dabei ein bisschen, auch in der Wohnung, wo sie gern Tricks mit Niki einstudierte, von denen sie mir zwei vorführte. Einmal schnappte sich Niki ein Leckerli, das sie zuvor zwischen seine Augen gelegt hatte, indem er es mit einer Kopfbewegung nach oben schleuderte, ein anderes Mal lief er auf den Hinterbeinen im Kreis. Es war offensichtlich, dass beide an dieser Vorführung Spaß hatten. Auf mein Nachfragen erfuhr ich, dass Niki beim Gassigehen auch ausführlich schnuppern durfte und zwei Bolonka-Freundinnen im Viertel hatte, mit denen er sich einmal in der Woche zum Spielen traf. Er ging problemlos an der Leine, war gesund, sein Appetit auch. Abschließend erkundigte ich mich noch, ob Niki auch mit größeren Hunden spielen durfte. Ja, das durfte er. Manche Hundehalter kleiner Hunde reißen diese nämlich vom Boden hoch, sobald ein größerer Hund auftaucht. Für den Hund ist das Stress, denn er kann nicht artgerecht kommunizieren und geht in ein Abwehrverhalten, kläfft vom Arm herunter und drückt so auch die Angst und Unsicherheit seines Trägers aus.

Niki und sein Frauchen machten auf mich als Team einen guten Eindruck. Sie schauten sich oft an, und jedes Mal, wenn Frau Richter aufstand, um etwas zu holen, lief Niki mit, um danach flugs wieder auf ihren Schoß zu springen. Da er aber auch Abstand hielt, wenn sie das forderte, und gut folgte, war gegen diese Innigkeit aus meiner Sicht nichts einzuwenden. Es ging lediglich darum, Niki an das Alleinsein zu gewöhnen. Und Frau Richter auch, die befürchtete, dass sie Nikis Vertrauen verspielen würde, wenn sie ihre Zweisamkeit zerriss.

»Sie wirken auf mich wie ein eingeschworenes Team – da brauchen Sie sich keine Sorgen zu machen«, beruhigte ich sie.

Was mir allerdings auffiel, war, dass der kleine Niki auch in Anwesenheit seines Frauchens nicht wirklich zur Ruhe kam. Er beobachtete sie ständig und reagierte auf jede Kleinigkeit. Sobald sie sich bewegte, stieg seine Erwartung – was passiert jetzt? Passiert überhaupt was? Hier hatte sich unbemerkt ein Muster eingeschlichen. Die beiden ließen sich gegenseitig nicht aus den Augen und merkten gar nicht mehr, wie anstrengend das war. Da tat Abhilfe not.

Ich riet Frau Richter, klein anzufangen. Sie sollte zunächst, wenn sie ein Zimmer verließ, die Tür hinter sich schließen, was wir auch gleich einmal ausprobierten. Niki war einen Moment irritiert, schnupperte an der Tür, dann legte er sich auf sein der Tür am nächsten platziertes Ruhekissen. Das war schon einmal ein guter Anfang. Und so gut ging es auch weiter. Selbst als Frau Richter den Müll wegbrachte, zeigte der Hund keine Anzeichen von Stress. Sie konnte es kaum fassen, bis ich es ihr erklärte. »Das liegt daran, dass Sie sich im

Moment bei Ihren Entscheidungen sicher fühlen. Ich bin ja da und stärke Ihnen sozusagen den Rücken. Ich bin bei Niki, während Sie weg sind. Sie verlassen die Wohnung in einem entspannten Zustand.«

»Können Sie für immer dableiben?«, grinste Frau Richter.

»Oh, da wären meine eigenen Hunde aber traurig«, erwiderte ich.

Wenn ein Hund nie alleine war, ist es ein weiter Weg, bis er sich daran gewöhnt, doch es ist nicht unmöglich, solange seine Menschen konsequent bleiben. Es ist leichter, dieses neue Verhalten mit dem Hund zu üben, wenn er müde und schon Gassi gegangen ist und nicht vor Energie platzt. Man beginnt immer mit kleinen Übungen wie Zimmer wechseln, Wohnung kurz verlassen und erhöht behutsam die Zeit, die der Hund allein bleibt. Wenn man zurückkehrt, begrüßt man den Hund nicht überschwänglich, denn es ist ja nichts Großartiges geschehen, man hat eben mal den Müll runtergebracht, da braucht man danach keine Party zu feiern. Wichtig ist es, das Alleinsein immer erst dann zu beenden, eine Tür erst dann zu öffnen, wenn der Hund gerade nicht bellt oder jault. Sonst glaubt er, sein Bellen und Jaulen habe zum Türöffnen geführt. Stets das positive Verhalten belohnen!

Ich unterstützte Frau Richter bei drei Terminen, und beim letzten Treffen erzählte sie mir, dass sich die Tochter einer Mieterin, die jeden Tag ihre bettlägerige Mutter im Haus besuchte, bereit erklärt hatte, zweimal am Vormittag nach Niki zu sehen. Aus diesen Stippvisiten wurde im Laufe von drei Monaten ein viertelstündiges Gassigehen am späten Vormittag, wie ich bei meinem vierten und letzten Kontakt mit Frau Richter erfuhr. Sie kam mir ein bisschen größer vor als beim letzten Mal, und auch Niki schien gewachsen zu sein. Kein Wunder, die beiden hatten sich voneinander emanzipiert, und das hatte ihnen gutgetan, ohne dass die Vertrautheit ihrer

Beziehung darunter gelitten hätte. Noch immer saß Niki auf Frauchens Schoß.

»Ist er nicht wunderbar?«, fragte sie mich.

»Ja«, nickte ich. »Aber Sie können auch sehr stolz auf sich sein. Sie sind konsequent geblieben und haben alle Tipps gut umgesetzt.«

»Dafür gibt's jetzt ein Leckerli«, lachte sie und schob sich ein Stück Obstkuchen in den Mund.

Allein zu Haus

Alleine zu Hause bleiben gehört zu den Top-Themen in fast jeder Hundeschule. Manche Hunde haben von Anfang an überhaupt kein Problem damit. Bei anderen muss es geübt werden, weil es nicht in der Natur des Hundes liegt, ohne seinen Sozialverband zurückzubleiben. Oder der Mensch hat in der eigenen Unsicherheit und Sorge, dem Vierbeiner zu viel zuzumuten, dem Hund das Gefühl gegeben, etwas stimme nicht – und darauf reagiert der Hund dann. In einer solchen Gefühlslage kann er nicht gelassen allein bleiben.

Manche Hunde verfolgen ihre Menschen in der Wohnung auf Schritt und Tritt, weil sie dann vom Menschen – unbewusst – bestätigt werden. Durch einen Blick, durch Ansprache, und wenn sie nur hören: »Ach, Timmy, nun leg dich doch einfach mal hin! Dauernd rennst du mir nach.«

Timmy hat bekommen, was er wollte. Frauchen hat ihn beachtet. Aber kaum draußen, ist Timmy bei der ersten sich bietenden Gelegenheit ausgebüxt. Von wegen Pellenrücker! Ausrücker!

Zu unterstellen, dass Hund und Mensch hier keine Bindung hätten, wäre falsch, aber ihre Beziehung ist in eine Schieflage geraten. Leider beginnt an dieser Stelle oft ein Teufelskreis: Der Mensch vertraut seinem Hund nicht mehr, weil er den Kontakt zu ihm beim Spaziergengehen verliert. Die Freiheit, die er seinem Hund gewähren möchte, sieht anders aus. Der Hund wird angeleint. Herr und Hund sind frustriert. So haben sie sich das beide nicht vorgestellt. Aus seinem Frust heraus pöbelt der Hund an der Leine nun andere Hunde an. Das wiederum verunsichert den Halter, was den Hund zu der Annahme veranlasst, es habe etwas mit demjenigen Artgenossen zu tun, den er anpöbelt. Er will es gut machen und professionalisiert sein Verhalten, pöbelt noch mehr. Sein Mensch wird noch unsicherer. Kriegt womöglich Herzklopfen, wenn andere Hunde am Horizont auftauchen. Gassi gehen wird zum Spießrutenlauf. Draußen ist es nicht mehr schön. All die tollen Vorstellungen – ich und mein Hund und die Freiheit – sind dahin.

Aber das muss nicht so bleiben! Nicht nur der Hund soll uns vertrauen, auch wir müssen unserem Hund vertrauen, und dazu sollten wir ihm die Möglichkeit geben – in den Schritten, die es eben braucht. Je mehr Vertrauen, desto besser die Beziehung, desto tiefer die Bindung und umso mehr Freiheit haben Hund und Mensch, jeder für sich und beide zusammen.

Hundejunkies

Es gibt nicht nur Hunde, die auf ihre Menschen – oder Bälle – fixiert sind, sondern auch Menschen, die auf ihre Hunde fixiert sind. Ihr ganzes Leben dreht sich um den Hund. Der Hund ist das Allerwichtigste, weshalb auch Beziehungen und Freundschaften in die Brüche gehen. In der Familie wird heftig gestritten. Um Hundefragen wird in Familien ohnehin oft gestritten, so ähnlich wie bei der Kindererziehung – du bist zu nachgiebig, du bist zu hart, warum erlaubst du dies, warum verbietest du jenes. Für die Harmonie im Familienrudel wäre es besser, alle würden an einem Strang ziehen. Gerade bei anstehenden Verhaltensänderungen ist es wichtig, dass alle Rudelmitglieder mitarbeiten.

Hunde müssen aber nicht von jedem Menschen gleich behandelt werden. Sie können verschiedene Persönlichkeiten sehr gut unterscheiden und auch zu vielen Menschen in vertrauensvoller Beziehung stehen. Wenn sie positive Erfahrungen mit Menschen gemacht haben, werden sie sich neuen Menschen vertrauensvoll zuwenden, sie erwarten nichts Böses. Hunde finden auch schnell heraus, bei welchem Menschen sie was erreichen können. Bei der Oma gibt es immer ein Leckerli, der Opa mag es nicht, wenn man so nah an ihn heranrückt, der eine ist leicht für ein Spielchen zu gewinnen, bei dem anderen holt man sich eher Streicheleinheiten ab. Und bei Frauchen muss ich besonders gut spuren, sonst krieg ich Ärger. Wichtig ist, dass die Menschen dem Hund gegenüber authentisch auftreten. Das, was sie tun, sollen sie wirklich so meinen. Erhält der Hund Double-Bind-Botschaften – Herrchen sagt Nein und lacht dabei –, verunsichert ihn das.

Bei Paaren und Familien, in denen die Frauen öfter als die Männer zu Hause sind, höre ich gelegentlich heraus, dass sich die Frauen, die den Hund versorgen, wundern, warum der Hund mehr am Mann zu hängen scheint und ihm auch besser folgt. Nein, das hat nichts mit dem Geschlecht zu tun. Für den Hund ist der Mann interessanter, weil er seltener da ist. Am Morgen verlässt er das Haus, und wenn er zurückkommt, widmet er sich aktiv dem Hund, der ihn so freundlich schwanzwedelnd begrüßt. Vielleicht unternehmen sie abends noch etwas Tolles, eine spannende letzte Runde voller Fuchsfährten oder ein abendliches Joggen. Und beim Fernsehen wird kräftig geschmust. Herrchen ist interessant, weil er nicht ständig zur Verfügung steht. Wenn der Hund rund um die Uhr betüdelt wird, zieht er sich eher zurück, da er zu wenig Freiraum hat. Das passiert hier nicht, Herrchen glänzt ja durch Abwesenheit.

Es gibt Paare, die um die Zuneigung und Aufmerksamkeit ihres Hundes konkurrieren. Genauso gibt es Hunde, die ihr Herrchen oder Frauchen nicht mit einem Menschen teilen möchten. Ja, es gibt Eifersucht unter Hunden. Vierbeiner, die alles und jeden von ihrem Menschen fernhalten möchten, betrachten ihren Menschen als Ressource, die es zu verteidigen gilt. Das ist mein Dosenöffner! Oder sie sind frisch in ein Rudel eingezogen, und da gehört es zur normalen Beziehungsfindungs-Phase, das zarte Band, das gerade geknüpft wird, zu verteidigen. Eifersucht darf aber kein Dauerzustand werden. Genauso wenig soll der Hund zum Lebensmittelpunkt seines Menschen werden. Das überfordert ihn.

Lennox, der Held

Lisa hatte Lennox, einen dreijährigen Huskyrüden, von einem älteren Ehepaar übernommen, das von dem Hund überfordert war. Als süßen Welpen hatte das Paar ihn gekauft, doch als Lennox wuchs und wuchs und ihm eine Stunde Gassi am Tag nicht mehr genügte, hatten sich seine Besitzer nach einer Hundesitterin umgesehen, Lisa gefunden, und die hatte dann Lennox für sich gefunden. »Schicksal« nannte sie das. »Lennox und ich sind füreinander bestimmt.« Das hatte auch eine Tierkommunikatorin bestätigt, wie mir mitgeteilt wurde. Lennox war ein großer, kräftiger Husky mit eisblauen Augen und einem wunderschönen, fast bläulich schimmernden Fell. Er trug ein, wie ich annahm, handgeflochtenes perlenbesticktes Halsband mit dazu passender Leine im Ethnodesign.

Lennox wurde mit Fleisch vom Biometzger gefüttert, hatte einen Wohlfühltermin im Monat bei der Osteopathin, und auch sein Konstitutionsmittel war dank der Anamnese bei einer Homöopathin bekannt.

Lisa bot mir das Du an. »Weil wir doch alle Hundefrauen sind.« Und dann bat sie mich, Lennox in Bezug auf seine Eignung zu testen. »Ich habe versucht, es auszupendeln, aber ich bin nicht sicher, und ich will keinen Fehler machen. Lennox ist jetzt drei Jahre alt, und ich möchte ihn optimal fördern. Er läuft sehr gern, aber er liebt auch die Nasenarbeit und zeigt eine hohe soziale Kompetenz. Und da stellt sich für mich die Frage, was am besten für ihn wäre. Eine Ausbildung zum Rettungshund oder Scootern oder eine Ausbildung zum Therapiehund. Gerade die Arbeit als Therapiehund könnte seine weibliche Seite stärken, denn er ist sehr sensibel, und ich merke deutlich, wie die Leute auf ihn reagieren. Sie lächeln ihn an, werden innerlich ganz weich, der Lennox, der ist einfach ein Herzöffner.«

Ich nickte. Was soll man auch sagen. Er war wirklich eine Erscheinung, und ich konnte mir gut vorstellen, wie auch zurückhaltende Menschen in seiner Anwesenheit dahinschmolzen.

»Andererseits hat er einen hohen Bewegungsdrang, was für Scootern sprechen würde, weil er da viel laufen müsste, und sogar im Geschirr, wie seine Vorfahren in Sibirien. Die Frage ist halt, ob das angemessen wäre, dass ich seinem inneren Bedürfnis, die Tradition aufrechtzuerhalten, nachgebe. Andererseits bin ich unsicher, ob nicht stattdessen etwas Archaisches wie Nasenarbeit besser wäre, weil das näher dran am Hund ist. Was meinst du?« Erwartungsvoll schaute sie mich an.

»Das sind drei völlig verschiedene Richtungen, die auch mit unterschiedlichen Zeitbudgets zu Buche schlagen. Eine

Rettungshundeausbildung dauert mindestens zwei Jahre, und viele Trainings finden am Wochenende statt. Scootern ist weniger zeitintensiv, und du bist auch unabhängiger, weil du die Termine nicht mit so vielen anderen koordinieren musst. Aber Scootern ist nicht billig, da du ja verschiedene Roller und Zubehör brauchst. Als Therapiehund braucht Lennox kein Zubehör, aber die Ausbildung ist zeitaufwendig, wenn auch nicht so wie die zum Rettungshund. Und sie erfordert soziales Engagement auch von der Hundeführerin.«

»Und wenn ich alle drei Sachen mache?«, fragte Lisa. »Der Lennox würde das bestimmt packen. Er hat ja so viel Energie.«

»Ich würde mich auf eines konzentrieren«, empfahl ich und erfuhr im Weiteren, dass Lennox nur in umzäuntem Gelände von der Leine durfte, weil Lisa Angst hatte, er würde weglaufen und im schlimmsten aller Fälle, den Lisa sich auf keinen Fall ausmalen wollte, von einem Jäger erschossen werden. Sie riss die Augen auf, und ich ahnte, wie oft sie sich diesen Fall schon ausgemalt hatte. Lennox rückte noch ein Stück weiter weg von ihr. Es war mir von Anfang an aufgefallen, dass der Hund den weitestmöglichen Abstand zu seinem Frauchen suchte. Die Leine war straff gespannt, schon als die beiden auf mein Grundstück kamen, und jetzt saßen sie sich im Zirkuswagen gegenüber, Lisa am einen, Lennox am anderen Ende. Als hätte sie meine Gedanken gelesen, sprang Lisa auf, kniete sich neben Lennox und kraulte ihn am Hals. Angespannt dehnte der Hund seinen Kopf immer weiter nach hinten, weg von Lisas Hand. Ihre Berührung war ihm offensichtlich unangenehm – wie ihre Nähe. Das merkte Lisa aber nicht. Ich fragte mich, wie viel sie überhaupt von Lennox mitbekam, und befürchtete, dass es sehr wenig war, obwohl sich doch ihr ganzes Leben um den Hund drehte. Ich hörte, dass die beiden Tag und Nacht zusammen waren, weil Lisa Lennox nicht im

Stich lassen wollte. »Wenn man Ja sagt zu einem Lebewesen, dann muss das gelten für immer«, teilte sie mir mit. »Lennox verdient das auch. Er ist total aufrichtig und ehrlich und treu. Was man von manchen Menschen ja nicht gerade behaupten kann. Besonders von Männern.«

Aha, daher wehte der Wind. Es stimmt mich traurig, wenn Menschen Hunde brauchen, um Enttäuschungen zu verarbeiten beziehungsweise ihnen aus dem Weg zu gehen.

Im Grunde genommen war Lennox rund um die Uhr ausgelastet, und mehr als das. Es war wohl nur noch eine Frage der Zeit, bis sich bei dem Rüden Überlastungssymptome zeigen würden. Er hatte keine freie Minute. Lisa sprach über ihn, Lisa schaute ihn ständig an, und sie redete über ihn als strahlenden Helden. »Er ist eine total starke Persönlichkeit und total eigenständig und unbestechlich in seiner Einschätzung von Situationen. Er würde niemals etwas Unfaires tun, Korrektheit ist ihm total wichtig. Dabei spielt er sich aber nicht in den Vordergrund. Er ist nämlich total bescheiden und handelt von innen heraus.«

Ich glaube, dass oft Eigenschaften in einen Hund projiziert werden, die Menschen selbst gern hätten. Oder sie wünschen sich, von Menschen umgeben zu sein, die diese Attribute mitbringen. Fehlen diese, muss der Hund herhalten.

Ich schlug einen gemeinsamen Spaziergang vor, um Lennox besser kennenzulernen. Es dauerte fünf Minuten, bis Lisa sich mit dem Gedanken angefreundet hatte, mir Lennox' zehn Meter lange Schleppleine auszuhändigen. Lennox lief fast immer an der Schleppleine. Offensichtlich vertraute sie Lennox niemandem an, denn sie war doch die Einzige, die den Hund verstand!

Ich forderte Lisa auf, sich zu verstecken. »Das wird ihm nicht gefallen«, meinte sie zögernd. Ich motivierte sie. Schließlich lief sie unter ständigem Umdrehen zu einem

Wäldchen. Lennox wandte sich nicht zu ihr. Er schnupperte im Gras herum und machte keinen beunruhigten Eindruck ob der Abwesenheit seines Frauchens. Er sah auch keine Veranlassung, sie zu suchen. Nach einer Weile ging ich in Lisas Richtung. Lennox trabte mit, vermisste aber niemanden, schnupperte dann wohl kurz an dem Baum, hinter dem Lisa stand, begrüßte sie aber nicht und freute sich auch nicht, dass er den entsetzlichen Frauchenverlust überwunden hatte. Lennox zeigte keinen Zug zu Lisa, die das so interpretierte, dass der Hund jetzt zutiefst verstört war.

Bei Hunden, die überwiegend an der Leine gehen, darf man hier keine vorschnellen Schlüsse ziehen. Manche kommen gar nicht auf die Idee, ihre Besitzer zu suchen, da sie daran gewöhnt sind, dass die hinter ihnen hängen. Aus diesem Grund finden sie auch keine Lösung nach dem Motto: Suchen! Sie bleiben einfach stehen und haben keine Ahnung, was sie tun sollen. Den anderen, und ich vermutete, dass Lennox dazu zählte, ist das Ganze einfach gleichgültig. Er nutzte die Gelegenheit, um seinen eigenen Interessen nachzugehen.

Lisa war ein wenig blass. Sie erklärte mir ausschweifend, dass Lennox jetzt total verunsichert gewesen sei und dass seine Reaktion eine Übersprungshandlung gewesen sei. Lennox sei ihr nicht nachgelaufen, als ich sie aufforderte, sich zu verstecken, was er sonst bestimmt gemacht hätte, weil das Revier hier neu für ihn sei und er alles erst habe beschnuppern müssen, um zu überprüfen, ob dieser Ort für Lisa sicher sei.

Ich fragte sie, ob sie Lennox im Alltag manchmal zu sich riefe. »Nein«, antwortete sie. »Meistens gehe ich zu ihm. Ich finde es doof, wenn man den Hund abruft, besonders wenn er gerade wo liegt, da kann er doch bleiben. Mir macht es nichts aus, zu meinem Hund zu gehen«, erklärte sie mir herausfordernd. »Die meisten Hundehalter sind total faul. Und oft stecken da doch bloß Machtspielchen dahinter.« Ich fragte weiter und erfuhr, dass Lisa sehr viel mit Lennox kuschelte, weil dem Hund Körperkontakt so wichtig war und Lisa das auch fördern wollte, wegen der Oxytocinausschüttung. Lennox sei ein großer Schmuser. Ich konnte nur noch staunen, es war kurios, denn Lisa berichtete mir bei jeder Frage das Gegenteil von dem, was ich wahrnahm. Lennox mied den Körperkontakt mit ihr, der Hund war völlig überlastet von der omnipotenten Präsenz seines Frauchens, das ihn nie in Ruhe ließ. Er war eingeengt, unglücklich und sehr gutmütig. Aber wie lange noch? Und wie sollte ich Lisa das vermitteln, wo sie doch offensichtlich so abhängig von dieser Nähe war? Nicht Lennox brauchte den engen Kontakt, *sie* brauchte ihn. Und so ist gelegentlich nicht nur eine Hundepsychologin gefragt, sondern es wäre auch eine Menschenpsychologin vonnöten.

Ich nehm dich, wie du bist

Gerade in der heutigen Zeit, in der es vielerorts allein auf Leistung, Optimieren und Funktionieren anzukommen scheint, werden Tiere immer wichtiger für Menschen. Sie legen keinen Wert auf Effizienz, Effektivität, Zeitmanagement. Es ist ihnen egal, ob jemand viel Geld hat, dick oder dünn ist, Polo oder Porsche fährt. Tiere sind immer verfügbar, man kann mit ihnen reden, kuscheln, für sie sorgen, sie sind treu, verzeihen fast alles, laufen nicht weg, und ein großer Hund kann ein kleines Ego aufpumpen. Auch ein kleiner, wenn er Großes leistet – zum Beispiel im Hundesportverein, beim Agility oder mit Tricks. Nichthundekenner lassen sich schon vom Pfotegeben beeindrucken.

Diese wunderbaren Eigenschaften der Hunde werden leider mancherorts ausgenutzt. Es gibt insgesamt einen Trend, Tiere zu instrumentalisieren, sodass ihr Wesen in den Hintergrund rückt. Sie müssen die Bedürfnisse ihrer Besitzer erfüllen, die das Geschöpf Hund aus den Augen verlieren, wobei sie manchmal aber ernsthaft erklären, nichts anderes im Sinn zu haben als das Wohl des Hundes. Lennox durfte kein Hund sein, stattdessen sollte er Lisa den Partner ersetzen. Er sendete Alarmsignale – wenn ein Hund keinerlei Interesse mehr an seinem Menschen zeigt, ja sogar zurückweicht, sobald er gestreichelt wird, ist das ziemlich deutlich. Aber seine Hilferufe drangen nicht durch. Lisa lebte in ihrer Welt und glaubte, es sei auch die von Lennox.

Hunde sind extrem anpassungsfähig, und so kommt es oft vor, dass eine nicht artgerechte Haltung lange scheinbar gut geht. Doch wenn die Bedürfnisse des Hundes dauerhaft ignoriert werden, sind die Probleme vorprogrammiert. Aber wir können sie auch wieder löschen – denn wir mögen unsere Hunde ja, und wenn wir erst einmal die Einsicht gewinnen, was wirklich gut für sie ist und eben nicht vor allem für uns, können wir unser Verhalten auch ändern. Zumal es uns selbst ja meistens auch gut geht, wenn die Hunde froh sind. Wenn der Hund fröhlich ist, kann der Mensch nur schwerlich Trübsal blasen.

Wann ist Ihr Hund besonders fröhlich? Was für eine Persönlichkeit steckt überhaupt in ihm? Je besser Sie Ihren Hund kennen, desto leichter wird Ihnen die Dog-Life-Balance fallen. Ich finde es immer wieder faszinierend, wie sehr sich die Persönlichkeiten von Hunden unterscheiden, sogar wenn sie aus demselben Wurf stammen. Der Hund hat eben seine Eigenheiten, und das fängt schon beim Futter an.

Alma, Fisch?

Nee, danke, echt nicht!

Dabei ist Alma sonst nicht heikel, ganz im Gegenteil, es steckt sogar eine raffinierte Futterdiebin in ihr.

Wunjo, Fisch?

Ja, gern, und zwar jeden Tag bitte mehrmals.

Es gibt übrigens auch eine Futterprägung – Hunde mögen das, was sie in ihrer Welpenzeit kennengelernt haben. Falls Sie sich jemals gefragt haben sollten, warum Ihr Tierschutzhund aus Italien verrückt nach Pasta ist, könnte dies die Erklärung sein.

Ist es nicht wunderschön, die einzigartige Persönlichkeit eines Hundes zu entdecken? Wenn wir wissen, wie er tickt, verläuft auch das Zusammenleben entspannt und wir können ihn hin und wieder austricksen. Nichts anderes tun wir ja manchmal auch bei unseren eigenen Artgenossen. Und außerdem: Auch Hunde tricksen uns manchmal ganz schön aus! Aber so ist das nun mal im lebendigen Miteinander. Und es macht große Freude, gerade wenn man eine Persönlichkeit nicht auf 08/15-Maß stutzt, sondern ihre Besonderheiten respektiert.

Die Sache ist eigentlich ganz einfach, und jetzt vermenschliche ich einmal: Wie möchten Sie, dass mit Ihnen umgegangen wird? Was würden Sie sich von einem guten Freund wünschen? Er soll Ihre Persönlichkeit und Ihre Eigenarten kennen und – wenn auch manchmal augenzwinkernd – respektieren. Er soll wissen, wann es Ihnen schlecht und wann gut geht, und Ihnen aus einem Tal heraushelfen. Und er soll auch einmal klare Worte wählen und Grenzen aufzeigen, wenn Sie den falschen Ton anschlagen. So wissen Sie, dass er aufrichtig zu Ihnen ist – und das ist die Voraussetzung für Vertrauen, ob bei Zwei- oder Vierbeinern.

Enzo, der Sänger

Der siebenjährige Enzo, ein Pointer-Mix, war ein Sänger, was Herr Braun, ein sportlicher Rentner Ende sechzig, anders beurteilte: »Der Hund macht mich wahnsinnig«, ließ er mich wissen. »Ich habe ja schon einige Hunde gehabt. Den Enzo habe ich wie seine Vorgänger vom Tierschutz, weil ich gerade mit älteren Hunden sehr gute Erfahrungen gemacht habe. Er ist ungefähr neun, seit einem Jahr ist er bei mir, es gibt keine Probleme. Bis eben auf das Fiepen. Das wird immer schlimmer. Er fiept draußen, er fiept drinnen, er fiept im Auto, er fiept eigentlich immer, außer im Schlaf. Ich habe schon alles probiert. Ignorieren, anschreien, nass spritzen, Leckerli geben, ihn auf seinen Platz schicken, nichts hat geholfen. Mittlerweile ist das ein Selbstläufer. Ich renne mit dem Kopfhörer durch die Wohnung und rege mich auf, denn ich höre ihn ja trotzdem. Ich bin da regelrecht drauf getriggert. Er merkt, dass ich nervös bin, und fiept erst recht.«

»Wie verhält er sich draußen?«

»Unauffällig, verträglich, so wie man es von Tierschutzhunden kennt. Da fiept er nur, wenn wir anderen Hunden begegnen. Ich hoffe immer, er fiept sich mal müde. Aber denkste! Zu Hause läuft die Fiepmaschine zur Hochform auf.«

»Was machen Sie denn zu Hause mit ihm? Liegt er meistens auf seinem Platz, ist er ruhig, läuft er Ihnen nach, streicheln Sie ihn viel oder ...«

»Nein«, unterbrach mich Herr Braun. »Zu Hause ignoriere ich ihn natürlich. Ich bin der Chef, ich bestimme, was gemacht wird, und zu Hause wird nichts gemacht. Dafür gehe ich ja viermal täglich raus, da wird was gemacht.«

»Wie kann ich mir das vorstellen?«

»Ich schicke ihn in den Korb, da soll er bleiben bis zum nächsten Gassi. Wissen Sie, ein Hund ist, bei aller Liebe, ein Tier und kein Spielzeug.«

»Da haben Sie recht«, sagte ich erst mal und fragte dann nach: »Und wenn der Hund Ihnen ein Spielzeug bringt?«

»Ignoriere ich es.«

»Wenn er Ihre Nähe sucht?«

»Ignoriere ich ihn auch. Sonst dauert es nicht lange, und er meint, er ist der Herr im Haus.«

»Ich glaube, dass Sie von einer falschen Annahme ausgehen«, sagte ich zu Herrn Braun und bat ihn, sich einmal in seinen Hund hineinzuversetzen, der ihm Angebote unterbreitete, die alle abgelehnt wurden. Ich fügte hinzu, dass das nichts mit der Rangordnung zu tun hat, sondern mit der Beziehung und Bindung. »Wie wäre das für Sie, wenn Sie jemandem Zuneigung zeigten, und Sie würden damit fortgesetzt abblitzen?«

»Ich halte nichts davon, Hunde zu vermenschlichen«, entgegnete Herr Braun barsch.

»Der Hund ist ein soziales Wesen«, sagte ich. »Er will Kontakt. Er braucht Nähe und Beziehung und möchte sich gern an einen Menschen binden. Wie soll das gehen, wenn sein Gegenüber ihn links liegen lässt? Das ist für ein Rudeltier nicht schön, sondern eigentlich Stress«, wurde ich nun auch deutlich. »Ein solcher Hund lebt in der Isolation. Ich weiß, dass es Ratschläge gibt, man solle dem Hund beispielsweise einen Tag lang nichts zu essen geben und ihn über mehrere Tage ignorieren, dann würde er besser folgen, aber das ist psychische Grausamkeit.«

Herr Braun zuckte zusammen. Manchmal weiß ich Sachen, die kann ich gar nicht wissen. Enzo tat mir noch mehr leid. Was natürlich zu wenig war. Ich musste einen Ausweg für ihn finden. Und das schien unmöglich zu sein, denn sein Vorgesetzter ließ mich wissen: »Ich glaube Ihnen kein Wort. Aber jetzt, wo ich schon mal da bin, was würden Sie vorschlagen?«

»Greifen Sie hin und wieder einen Annäherungsversuch Ihres Hundes auf, falls er überhaupt noch einen macht. Spielen Sie mit ihm, wenn er Sie auffordert.«

»Das hat er schon lange nicht mehr gemacht«, sagte Herr Braun und klang zum ersten Mal nachdenklich. In dieser Stimmung verabschiedete er sich dann auch von mir. Ich hatte ihm noch einiges gesagt, was er mit überheblichem Gesichtsausdruck quittiert hatte, doch ich hatte gemerkt, dass er mir trotzdem aufmerksam zuhörte. Er hatte eben Schwierigkeiten damit, etwas anzunehmen. Davon lasse ich mich nicht abschrecken. Nur wenn ich den Menschen wertschätze und zu ihm durchdringe, kann ich dem Hund helfen. Kaum jemand würde in voller Absicht seinem Hund Leid zufügen, doch vieles geschieht leider aus Unwissenheit und durch falsche Ratschläge von vermeintlichen Hundekennern.

Auch an diesem Beispiel sieht man, wie wichtig die Balance in einem Grundbedürfnis ist. Lisa hatte sich viel zu viel um die Beziehung zu ihrem Hund gekümmert, Herr Braun zu wenig.

Zu meiner Überraschung rief mich Herr Braun einige Tage nach unserem Treffen an. Ich war sicher gewesen, nie wieder von ihm zu hören. Er erzählte mir von seinen Versuchen, Enzo zu sich zu locken, was erst nach einer Weile gelungen war. Da habe er gemerkt, dass der Hund ihm gegenüber eingeschüchtert sei. Vielleicht sei doch ein bisschen was an dem dran, was ich ihm da alles »gepredigt« hätte. Jedenfalls mache er jetzt so weiter. Weil er ja sonst den Termin bei mir umsonst bezahlt hätte.

Drei oder vier Monate später sprach eine Männerstimme auf Band: »Der Sänger fiept nicht mehr.« Ich musste eine Weile überlegen, ehe ich diese Nachricht entschlüsselte. Abermals hatte mich Herr Braun überrascht. Ich hatte nicht mit einem »Fiepback« gerechnet. Natürlich bin ich immer sehr daran interessiert, wie es meinen Kunden und Hunden mit meinen Ratschlägen geht. Doch nicht alle melden sich bei mir, was schade ist, denn ich arbeite ja mit Herzblut an der Dog-Life-Balance. Und hin und wieder blutet das Herz auch, wenn ich auf Granit beiße. Das sind die Schattenseiten meines Berufs, denn manchmal kann ich einem Hund nicht helfen, obwohl ich ihm helfen *könnte*. Wenn sein Mensch nicht mitarbeitet, habe ich keine Chance. Das ist zuweilen sehr schwer für mich. Doch zum Glück lässt sich die überwiegende Zahl meiner Kunden und Hunde ausbalancieren. Oft ist es viel einfacher, als sich die Menschen vorstellen. Denn es gibt nun mal nur fünf Grundbedürfnisse – das sollte für ein immerhin sechsbeiniges Mensch-Hund-Team zu bewältigen sein! Damit wir alle mit unseren Hunden zu einer harmonischen Dog-Life-Balance finden.

Der Hundehalter in der Dog-Life-Balance

Hund-Mensch-Teams leben auf einem Planeten, auf dem es auch *Wir müssen leider draußen bleiben*-Schilder gibt. Wir sind Teil der Gesellschaft und begegnen täglich Menschen mit und ohne Hund – mit und ohne Angst vor Hunden. Jeder Hundehalter trägt mit seinem Verhalten dazu bei, wie frei sich Hunde in Zukunft in unserer Gesellschaft bewegen dürfen. Negativschlagzeilen wie »Hund beißt Kind« und Sätze wie »Der will nur spielen« führen nicht zu einem friedlichen Miteinander. Im Gegenteil, sie verhärten die Fronten. Jedes Mal, wenn Ihr Hund eine Wurst setzt, gibt er damit ein Statement ab – das von Ihnen eine Entscheidung verlangt. Tüten Sie ein oder lassen Sie liegen? Jedes Mal, wenn Ihnen und Ihrem frei laufenden Hund ein Artgenosse an der Leine begegnet, ist Ihre Kompetenz als Hundekenner gefragt. Sind Sie Profi, leinen Sie Ihren Hund ebenfalls an. Es gibt einen Grund dafür, dass der andere Hund an der Leine ist. Stellen Sie sich vor, Sie haben einen ängstlichen Hund und er wird von einem anderen bedrängt. Sie wollen ihn schützen und geraten in eine Konfliktsituation. Denn wie oft hört man dann: *Ach, lassen Sie Ihren Hund doch los! Die machen das unter sich aus.*

Nein, das machen sie eben nicht immer und sollen es auch nicht. Sie sehen einen Hundehalter, der offensichtlich Probleme hat, seinen Hund zu bändigen, und sich ins Gebüsch schlägt, an der Leine einen tobenden Hund. Machen Sie sich nicht über ihn lustig. Womöglich stresst ihn diese Situation selbst enorm, in die man übrigens schneller kommen kann, als man glaubt. Ein Fehlverhalten des Hundes kann sich rasant entwickeln. Und ein aggressiv erscheinender Kampfdackel, der sich an der Leine wie wild gebärdet, sagt nichts über den Charakter seines Halters aus! Der kann ganz entsetzlich unter einem solchen Auftritt leiden.

Viele Hundehalter schließen von sich auf andere. Sie wissen, dass ihr Bärli lammfromm ist. Aber eine Mutter mit Kindern weiß das nicht. Also leint der verantwortungsbewusste Hundehalter seinen Hund an, vor allem wenn er bemerkt, dass sich jemand fürchtet. Es ist keine Lösung, anderen zuzurufen: »Keine Angst, der macht nichts.« Gerade wenn Sie sehen – und das kann man ja ziemlich deutlich –, dass andere Menschen sich unwohl in der Gegenwart von Hunden fühlen, sollten Sie sich nicht berufen fühlen, eine Antihundeangst-Therapie mit Ihrem lammfrommen Vierbeiner zu initiieren. Leinen Sie ihn an – alles andere ist respektlos. Wer so unsensibel agiert, tut weder seinem Hund noch allen anderen einen Gefallen, im Gegenteil. Die schwarzen Schafe im Hundehalteranorak greifen alle an – die Menschen ohne Hund und die mit und auch die Hunde, weil die sich immer weniger frei bewegen dürfen, weil es immer mehr Auflagen gibt.

Ich bin viel mit meinen Hunden draußen und stelle leider immer wieder fest, dass sich manche Hundehalter wie Rüpel benehmen. Wie aber wollen sie ihre Hunde verstehen, mit ihnen kommunizieren, wenn sie schon an Artgenossen scheitern? Wären die Rollen vertauscht, würden die Hunde sich in der Gesellschaft bewegen, wäre das Miteinander friedlicher.

Für gewöhnlich vermeiden Hunde Konflikte. Der Friede innerhalb des Rudels ist für Hunde ein hoher Wert. Womöglich würden sich manche von ihnen für das Verhalten ihrer Menschen schämen.

Zehn Leckerlis für die Dog-Life-Balance in der Öffentlichkeit

1. Regeln beachten
Halten Sie sich an die Regeln, die für Spazierwege gelten, wie zum Beispiel Leinenverordnung oder hundefreie Wiesen.

2. Eintüten
Räumen Sie die Hinterlassenschaften Ihrer Hunde weg.

3. Anleinen
Rufen Sie Ihren Hund zu sich oder leinen Sie ihn an, wenn Sie Kindern, Joggern oder Radfahrern begegnen. Gleiches gilt bei Personen, die offensichtlich Angst vor Ihrem Hund haben. Wenn Ihnen jemand mit Hund an der Leine entgegenkommt, leinen Sie Ihren Hund ebenfalls an. Das vermittelt Sicherheit und vermeidet Konflikte. Es gibt immer einen Grund, warum ein Hund an der Leine läuft.

4. Höflichkeit
Vermeiden Sie Sätze wie »Der will nur spielen«. Denn: Wissen Sie es wirklich?

5. Akzeptanz
Akzeptieren Sie es, dass es in unserer Gesellschaft Menschen gibt, die mit Hunden nichts zu tun haben möchten. Sie brauchen diese nicht zu »missionieren«, egal ob es sich dabei um

kulturelle Gründe oder schlechte Erfahrungen handelt. Bei Interesse können Sie ja gern etwas erzählen. Aber nicht ohne »Arbeitsauftrag«.

6. Kontrolle
Halten Sie Ihren Hund jederzeit unter Kontrolle. Achten Sie darauf, dass er nicht einfach alleine herumspaziert, vor allem nicht ohne Ihr Wissen – Gartenzaun sichern!

7. Tierliebe
Sollte Ihr Hund zum Jagen neigen, leinen Sie ihn in Gefahrenzonen an. Die Aussage »Der erwischt eh nichts« ist kein Argument. Die Tiere, die Ihr Hund jagt, erleiden Todesangst. Tierliebe sollte nicht beim eigenen Hund aufhören.

8. Solidarität
Sollte Ihnen ein fremder Hund folgen, dessen Besitzer nicht zu sehen ist, und mit Ihnen und Ihrem Hund laufen wollen, bleiben Sie stehen, bis der andere Hundehalter seinen Vierbeiner eingesammelt hat.

9. Artgerecht
Überlegen Sie sich genau, wohin Sie Ihren Hund überall mitnehmen wollen. Muss er im Winter zum Stadtbummel über salzgestreute Gehwege laufen? Würde er andere Menschen am Zielort eventuell stören? Dann lassen Sie ihn zu Hause.

10. Weitblick
Vergessen Sie nie, dass Sie und Ihr Hund die Meinung anderer Menschen über Hundebesitzer formen. Gehen Sie mit gutem Beispiel voran, damit Hunde in unserer Gesellschaft sich frei bewegen können.

Die fünf Grundbedürfnisse im Überblick

1. Ruhe und Schlaf – Hunde sind kein Spielzeug

- Ein Hund schläft bis zu zwei Drittel des Tages, abhängig von seinem Alter. Welpen und alte Hunde benötigen mehr Schlaf.
- Schlafende Hunde sollten nicht geweckt werden.
- Der Hund braucht einen Rückzugsort, an dem er ungestört ist.

2. Bewegung – Hunde sind keine Sportgeräte

- Hunde sollten sich circa zwei Stunden am Tag bewegen, im Alter und bei schlechtem Gesundheitszustand kürzer.
- Nach einem besonders intensiven Gassi – Wanderung/Wettbewerb etc. – den nächsten Tag ruhiger gestalten.
- Bei Welpen gilt die Faustregel: pro Lebensmonat 5 Minuten Bewegung am Tag.

3. Beschäftigung – Hunde haben nicht nur Herz, sondern auch Hirn

– Die gewählte Beschäftigung muss beiden gefallen, dem Hund und seinem Menschen. Bringen Sie für sich und Ihren Hund Abwechslung in den Alltag.

4. Spiel – wer viel spielt, hört gut

– Spielen mit dem Hund ist ein wichtiger sozialer Aspekt und sollte regelmäßig zwischen Hund und Mensch stattfinden.
– Das Spiel stärkt die Bindung und fördert den Gehorsam des Hundes.

5. Beziehung und Bindung – Hunde und ihre Wahlverwandtschaft

– Beziehung und Bindung sind unterschiedliche Begriffe und sollten nicht vermischt werden.
– Die Bindung zwischen Hund und Mensch wird gestärkt durch Verlässlichkeit, Berechenbarkeit und Rituale im Alltag.
– Beziehung bedeutet, Bedürfnisse zu erkennen, darauf einzugehen, Konflikte zu bewältigen und gemeinsam tolle Sachen zu erleben.

Ein Wedeln zum Schluss

Nun hoffe ich, Sie haben einen guten Einblick in die Wohl-fühlwelt Ihres vierbeinigen Begleiters bekommen – und sind vielleicht auch ein bisschen motiviert, ihn im Team zu teilen, zu beider Nutzen: Die Balance des Hundes zwischen Ruhe und Aktivität strahlt auch auf uns Menschen ab.

Seien Sie Ihrem Hund ein guter Freund oder eine gute Freundin und achten Sie auf seine und Ihre Bedürfnisse.

Lassen Sie sich, wenn Ihr Hund keine Probleme für andere bereitet, nicht schikanieren, beschimpfen oder angreifen. Halten Sie zu Ihrem Hund. Stärken Sie ihm den Rücken. Sie sind ein Team – und ziemlich gute Freunde, richtig? Als sol-che dürfen Sie durchaus selbstbewusst mit Ihrem Vierbeiner auftreten.

Seien Sie aber bitte nicht zu streng mit sich und auch nicht zu Ihrem Hund. Veränderungen brauchen Zeit. Apro-pos Zeit ...

Endlich! Der Mensch klappt das Buch zu. Die Buchstaben-fährte ist zu Ende. Jetzt ist mal wieder eine Feld-Wald-Wiesen-Fährte dran. Höchste Zeit, rauszugehen. Die Sonne lockt. Es gibt viel zu entdecken, zu erleben. Gassizeit!!! Viel Freude in Ihrem Mensch-Hund-Team draußen und drinnen und überall wünscht Ihnen

Stephanie Lang von Langen

Tipps zum Weiterlesen

Bloch, Günther und Radinger, Elli H.: *Affe trifft Wolf: Dominieren statt kooperieren? Die Mensch-Hund-Beziehung.* Kosmos 2012

Bloch, Günther und Radinger, Elli H.: *Der Mensch-Hund-Code: Selbstbewusst durch den Dschungel der Hundeszene.* Kosmos 2016

Bloch, Günther und Radinger, Elli H.: *Wölfisch für Hundehalter: Von Alpha, Dominanz und anderen populären Irrtümern.* Kosmos 2010

Feddersen-Petersen, Dorit. Urd: *Ausdrucksverhalten beim Hund: Mimik und Körpersprache, Kommunikation und Verständigung.* Kosmos 2008

Gansloßer, Udo und Krivy, Petra: *Verhaltensbiologie für Hundehalter – Das Praxisbuch.* Kosmos Verlag, 2011

Gansloßer, Udo und Kate Kitchenham: *Forschung trifft Hund: Neue Erkenntnisse zu Sozialverhalten, geistigen Leistungen und Ökologie.* Kosmos 2012

Gansloßer, Udo und Kate Kitchenham: *Beziehung – Erziehung – Bindung: Forschung im Dienst des Mensch-Hund-Teams.* Kosmos 2015

Miklósi, Ádám: *Hunde – Evolution, Kognition und Verhalten.* Kosmos 2011

Lang von Langen, Stephanie: *Ich weiß, was du mir sagen willst. Die Sprache der Hunde richtig verstehen.* Bastei-Lübbe 2014

Seul, Michaela: *Luna, Seelengefährtin. Mein Hund, das Leben und der Sinn des Seins.* München 2013

Seul, Michaela: *Verbiss.* München 2012

Strodtbeck, Sophie: *Vom Welpen zum Senior: Reise durchs Hundeleben.* Müller Rüschlikon 2015

So viel Spaß kann Verhaltensforschung machen

Patricia B. McConnell

Das andere Ende der Leine

Was unseren Umgang mit Hunden bestimmt

Aus dem Amerikanischen von Gisela Rau
Piper Taschenbuch, 368 Seiten
Mit 16 Seiten Bildteil
€ 12,00 [D], € 12,40 [A]*
ISBN 978-3-492-25325-3

Dies ist eigentlich kein Buch über Hundeerziehung, sondern eines über Menschenerziehung: Intelligent, wissenschaftlich, humorvoll und manchmal einfach verblüffend erklärt Patricia B. McConnell, Professorin für Zoologie und zertifizierte Tierverhaltenstherapeutin, welche typischen Missverständnisse zwischen dem »Affen« Mensch und dem »Wolf« Hund einer ungetrübten Beziehung oft im Wege stehen. Zahlreiche Aha-Erlebnisse und vergnügtes Schmunzeln sind beim Lesen garantiert!

PIPER

Leseproben, E-Books und mehr unter www.piper.de

»Ein umfassendes und wissen-
schaftlich fundiertes Buch.«

Kurt Kotrschal

Wolf – Hund –
Mensch

Die Geschichte einer
jahrtausendealten Beziehung

Piper Taschenbuch, 208 Seiten
€ 9,99 [D], € 10,30 [A]*
ISBN 978-3-492-30443-6

Sie bevölkern seit jeher unsere Mythen und Märchen: Wölfe.
Sie waren für den Menschen immer schon Partner und Gegner,
Projektionsfläche und Zentrum in der Entwicklung der menschlichen Spiritualität. Der Verhaltensbiologe Kurt Kotrschal rollt
die Entwicklungsgeschichte des Hundes neu auf und berichtet
über die ambivalente, facettenreiche Beziehung zwischen Wolf
und Mensch. Er hilft uns, unsere uralte Faszination für den Wolf
besser zu begreifen und lehrt uns den richtigen Umgang mit
»dem besten Freund des Menschen«, dem Hund.

PIPER

»Ein moderner Jack London.«

Süddeutsche Zeitung

*Cover- und Preisänderungen vorbehalten

Nicolas Vanier

Mit meinen Hunden

6000 Kilometer durch Sibirien,
China und die Mongolei

Aus dem Französischen
von Antoinette Gittinger
Malik, 320 Seiten
Mit 33 farbigen Fotos, 14
Illustrationen und einer Karte
€ 22,99 [D], € 23,70 [A]*
ISBN 978-3-89029-464-3

Im Winter 2013/14 bricht Nicolas Vanier mit seinem Hundegespann von der russischen Pazifikküste zu einer 6000 Kilometer langen Reise auf, die ihn in 85 Tagen durch Sibirien, China, die Mongolei und schließlich zum Baikalsee führt. In seinem packenden Expeditionsbericht erzählt er von gefährlichen Zwischenfällen und interessanten Begegnungen mit einheimischen Fischern und Jägern. Mit ansteckender Leidenschaft schildert er die Faszination der Wildnis und die enge Verbindung zu seinen Schlittenhunden.

MALIK

Leseproben, E-Books und mehr unter www.malik.de

Dein Hund – kein unbekanntes Wesen

Eberhard Trumler

Mit dem Hund auf du

Zum Verständnis seines
Wesens und Verhaltens,
Mit einem Vorwort
von Konrad Lorenz

Piper Taschenbuch, 304 Seiten
Mit 23 Fotos sowie
44 Zeichnungen des Verfassers
€ 10,99 [D], € 11,30 [A]*
ISBN 978-3-492-21135-2

Der Biologe und Hundeforscher Eberhard Trumler geht in diesem Buch den zentralen Themen nach, die jeden Hundeliebhaber seit je interessieren: Was ist das Wesen des Hundes, was sind seine Bedürfnisse, wie lernfähig ist ein Hund? Und am allerwichtigsten: Wie erziehen wir einen Hund zu einem Mitglied der »Menschenfamilie«? »Die Fülle des Wissens, die in diesem Buch zusammengetragen ist, wird nicht nur den Tierliebhaber entzücken, sondern auch den Fachwissenschaftler bereichern.« (Konrad Lorenz)

PIPER

Leseproben, E-Books und mehr unter www.piper.de